AF391470

L'Aéronautique

Contemporaine

FRANÇOIS PEYREY

L'IDÉE AÉRIENNE

L'Aëronautique

Contemporaine

PARIS

H. DUNOD ET E. PINAT, ÉDITEURS

47 ET 49, QUAI DES GRANDS-AUGUSTINS, 47 ET 49

1909

L'Aéronautique Contemporaine

AVANT-PROPOS

De 1783 à 1898

Nos contemporains qui assisteront à la *Semaine de Champagne*, ou s'intéresseront de loin à ses prouesses; les visiteurs de l'imminente et première Exposition internationale de l'Aéronautique, au Grand-Palais des Champs-Élysées; tous ceux que passionne la locomotion nouvelle enfin affirmée — le prestigieux sport aérien — ne pourraient, malgré leur enthousiasme, se faire une idée exacte de la joie folle qui transporta les hommes de 1783.

Le 5 juin de cette année fameuse, la première machine aérienne, inventée par Joseph Montgolfier, flotte dans le ciel d'Annonay; puis la montgolfière est rapidement perfectionnée par Charles, un professeur de physique, qui la métamorphose en ballon à gaz. Dès lors, Parisiens, provinciaux, lancent à qui mieux mieux des ballonnets de baudruche gonflés d'hydrogène, ou des sacs de papier, minuscules « ballons à feu », tandis qu'en des odes ivres de lyrisme les poètes chantent la découverte! Et le rêve héréditaire de l'humanité ne connaît plus de bornes. Il se crée cette illusion qu'il est aussi facile de naviguer dans l'air que sur l'eau! Les projets de direction aérienne surgissent de tous côtés, plus absurdes les uns que les autres. Les premiers aéronautes rament éperdument dans l'atmosphère où la

M. L.-P. Cailletet, de l'Institut, président de l'Aéro-Club de France.

brise dédaigneuse se fait des hochets de leurs appareils naïfs.

La joie de la première heure a été exagérée. La déception sera d'autant plus amère. L'idée aérienne joue de malheur. La Révolution, les grandes guerres font à peu près oublier les aérostats, utilisés quelque peu en campagne. Coutelle, à bord du « captif » l'*Entre-*

prenant, contribue grandement, à Fleurus, à la victoire
de l'armée de Sambre-et-Meuse.

Puis, le ballon accaparé par les aéronautes forains,
tombe, ainsi qu'on a pu le dire, au discrédit de la cu-
riosité frivole et du couronnement ordinaire des fêtes pu-
bliques. Longtemps les progrès de l'Aéronautique seront

M. Louis Barthou, actuellement Ministre de la Justice, qui fut le
premier Ministre de la locomotion aérienne.

nuls. L'admirable découverte s'encanaille, se déshonore
au contact des bateleurs, et notre vénérable doyen,
M. Wilfrid de Fonvielle, songeant avec une mélancolie hautaine, un jour déjà lointain, à un mot de Franklin : « Le ballon, c'est l'enfant qui vient de naître »,
dut avouer, non sans regrets : « Qu'est devenu l'Enfant?
Son éducation a été interrompue... On l'a laissé courir
les foires avec les saltimbanques ! »

Hormis des personnalités telles que les frères Tissan-

dier, Sivel. Crocé-Spinelli. Camille Flammarion, les
aéronautes ? du passé font songer à de succes-

Le comte Henry de La Vaulx, vice-président de l'Aéro-Club de France, détenteur du record du monde de la distance.

sives entrées de clowns. Le trapèze parait constituer la
partie principale de leur gréement. Il fallut l'hiver terrible pour interrompre un moment ces tabarinades.

Du 23 septembre 1870 au 28 janvier 1871. soixante-six ballons-postes s'élevèrent de Paris assiégé. Ces légers globes emportèrent 164 hommes, 363 pigeons voyageurs et 9.000 kilogrammes de dépêches représentant trois millions de lettres du poids de 3 grammes.

La plupart de ces aéronautes improvisés furent héroïques. Deux de leurs ballons se perdirent dans l'Atlantique; cinq furent pris par l'ennemi. L'un, monté par MM. Rolier et Bézier, atterrit en Norvège, à 1.246 kilomètres de Paris à vol d'oiseau! Un autre emporta dans la Somme Léon Gambetta, qui put ainsi représenter le Gouvernement en province et organiser la défense nationale.

Sans doute l'on pourrait objecter que ces Français ne firent que leur devoir. Dans tous les cas, ils l'accomplirent de magnifique façon. Ils ont, malgré tout, ajouté une page superbe à notre histoire héroïque.

Malheureusement, la paix rétablie, le tabarin de l'atmosphère sévit de plus belle. Aussi ne pourrait-on citer que quelques beaux voyages aériens dus à MM. Georges Besançon et Gustave Hermite, qui imaginèrent les ballons-sondes, Henri Hervé, L'Hoste, Mangot, Maurice Mallet, Louis Godard, Édouard Surcouf, Émile Carton, Louis Capazza...

*
* *

Néanmoins, au cours de la période d'obscurité qui dura cent quinze ans, quelques rares et remarquables chercheurs eurent la prescience de la dirigeabilité. Leurs essais furent patients, probants même, mais nullement encouragés, bien au contraire. Ces précurseurs, dont nous rappellerons brièvement l'œuvre,

avaient à vaincre non seulement les courants de la
mer aérienne, mais encore le doute général. Chacune
de leurs tentatives n'était appréciée que par un nombre
infiniment restreint de croyants. Les autres n'avaient à
leur adresse que des haussements d'épaules ou d'ineptes
et faciles brocards. Ceux-là affirmaient que l'air n'offre

M. Léon Barthou, vice-président de l'Aéro-Club de France.

pas de point d'appui, alors que les plus minuscules
insectes démentaient en même temps cette objection
ridicule. Bowers pouvait écrire : « Les aérostats sont
représentés comme des jouets intéressants et dangereux,
souvent même plus dangereux pour la bonne réputa-
tion mentale de ceux qui s'en occupent, que pour la
vie de ceux qui s'en servent. »

Cependant Meusnier, dès 1784, avait présenté à l'Académie des Sciences son très savant mémoire où il pré-
conisait, afin de conserver au ballon allongé l'indis-

pensable permanence de la forme, l'emploi du ballonnet
à air dont se servent actuellement les autoballons
français. En 1850, Jullien, au moyen d'un ingénieux
modèle, prouve à l'hippodrome qu'une enveloppe de
gaz peut être dirigée en subissant la force propulsive de
l'hélice. Pendant les années 1852 et 1855 l'ingénieur

M. Jacques Balsan, vice-président de l'Aéro-Club de France, détenteur
du record français de l'altitude.

Henry Giffard exécute de retentissantes expériences
dans la banlieue parisienne, et plus tard, si le ballon
de Dupuy de Lôme n'est remarquable que par sa partie aérostatique (1872), les machines aériennes élec-
triques des frères Tissandier (1883-1884) et des capitaines
Renard et Krebs (1884-1885) confirment d'une façon éclatante l'espoir déjà donné par les essais antérieurs.
Personne n'ignore que la *France*, de MM. Renard et

Krebs, revint cinq fois sur sept à son point de départ. Malgré leur succès, ces expériences ne sont pas poursuivies. Elles ne seront reprises que longtemps après par Santos-Dumont qui remplacera le moteur électrique par un léger moteur à explosions.

Cet exposé trop succinct démontre, malgré sa brièveté, que la France peut sans nul doute revendiquer la gloire d'avoir trouvé le moyen de diriger les ballons, après qu'elle eut réussi à tourner les lois immuables de la pesanteur. L'histoire de l'Aéronautique à l'étranger ne mentionne en effet, jusqu'aux premières études expérimentales de M. de Zeppelin (1900), que trois essais piteux : l'un en Autriche (Haenleïn, 1872), les deux autres en Allemagne (Wœlfert et Schwartz, 1897). La tentative de Wœlfert se termina même par la mort de l'inventeur et de Knabe, son mécanicien.

*
* *

La troisième branche de la locomotion aérienne — l'Aviation — est de beaucoup la plus ancienne. L'idée de parcourir l'atmosphère à l'aide de moyens exclusivement mécaniques, remonte aux premiers âges, et même, pourrait-on dire, au premier homme. Pouvait-il, ce premier homme, ne point jalouser l'oiseau dont l'essor dans l'océan diaphane se rit des obstacles terrestres ? Un tel sentiment, revivant dans sa postérité, ne devait-il pas faire naître le désir si longtemps chimérique d'imiter les petits êtres ailés ou les grands volateurs qui, sans battements d'ailes, glissent magiquement dans l'air léger supportant toutefois leurs longues glissades avec le caprice de leurs arabesques ? Le ballon fut un expédient misérable pour beaucoup, dont l'intransigeante école n'est jamais venue à résipiscence.

Les premiers aviateurs furent d'une naïveté inconcevable. Agitant leurs bras prolongés par des ailes artificielles, ils se précipitaient dans le vide et se cas-

M. Henry Deutsch de la Meurthe, mécène de l'Aéronautique.

saient invariablement les jambes, tout au moins. Au temps jadis, seul Léonard de Vinci procède d'après une méthode scientifique sans s'aventurer d'ailleurs hors de la théorie. Après lui, les théoriciens se succèdent, innombrables, et ce n'est qu'en 1891 qu'un ingénieur allemand, Otto Lilienthal, crée l'école du vol plané, est supporté par l'air pendant les descentes obliques d'un aéroplane sans moteur. Les principaux élèves d'Otto Lilienthal furent l'Anglais Pilcher, l'Américain Chanute, et, surtout, les célèbres frères Wright.

L'aéroplane à moteur qui, dans l'esprit de l'ingénieur allemand, devait succéder au planeur, fut cependant expérimenté en France avant que les frères Wright commençassent leurs recherches. Après avoir pris connaissance des travaux de M. Clément Ader, l'on peut en effet facilement croire aux bonds que ce savant, remarquablement tenace, affirme avoir réalisés dans le parc du château d'Armainvilliers en 1890, au camp de Satory en 1897.

Auparavant, plusieurs aviateurs français avaient fait voler des modèles, mus mécaniquement : Pénaud, Tatin, d'autres encore... En 1863, Nadar et sa pléiade provoquèrent en faveur de l'Aviation un mouvement qui eût magnifiquement réussi si le moteur léger avait existé à cette époque. Enfin nous devons mentionner les théoriciens français qui, méticuleusement, étudièrent le problème ardu : Thibault, Duchemin, Mouillard, Marey, Ch. Renard, Drzewiecki, Armengaud jeune, Soreau, Goupil, etc., etc.

.·.

J'ai déjà dit le retentissement de la faillite des ballons peu après la découverte, à la suite du désenchantement général. On se rendit, en effet, rapidement compte qu'il ne s'agissait point de naviguer sur un fluide, *mais dans un fluide*, et que la comparaison entre les densités de l'eau et de l'air frisait l'utopie aussi

près que possible. La faible densité de l'onde invisible
exigeait une puissance autrement supérieure à la force
musculaire de l'homme, et cette puissance n'existait
pas ! Malgré tout, les aérostats paraissaient un étrange
mystère à la foule, leur pratique une source de dan-
gers. Ils devaient donc être accaparés fatalement par
les personnages auxquels il a été fait allusion plus
haut, et qui, sans la moindre vergogne, ne virent en
eux que le moyen fort simple d'en tirer bénéfice. Cha-
marrés, galonnés à l'instar de généraux exotiques, ces
individus complétèrent les réjouissances populaires par
leurs éphémères bonds, débutant à la place principale
de la ville en liesse pour aboutir au seuil du marchand
de vins le plus proche. Ils avaient terriblement peur
de la mer, terriblement peur de l'eau en général, au
point — j'emprunte à Nadar une de ses spirituelles
saillies — de ne pouvoir supporter la vue d'une
simple carafe. Mais, montés sur de malheureux ani-
maux éperdus dans le vide, ou suspendus à leurs tra-
pèzes, ils tentaient de réaliser, à la grande frayeur des
âmes sensibles, l'apothéose de la gymnastique !

Ainsi fut galvaudée la science enfantée par le génie
de Joseph de Montgolfier ; ainsi fut étouffé, dès son
premier balbutiement, le sport adorable créé par Pilâtre
de Rozier.

Cette « terreur » appelait une réaction qui se pro-
duisit en 1898, année de la fondation de l'Aéro-Club
de France, date de la Résurrection, de la Réhabi-
litation.

Quelques jeunes hommes hardis, tenaces, au cœur
viril, se groupèrent, acquirent rapidement leurs lettres
de maîtrise, chassèrent les baladins des spectacles man-
piteux. Ils ont dignement continué les traditions des

trop rares aéronautes d'antan : ils ont sauvé l'Idée aérienne, qui tombait en déshérence.

L'Aéro-Club de France a littéralement galvanisé l'Aéronautique, éclairé sa nuit. Dans les provinces françaises, dans toute l'Europe, aux États-Unis d'Amérique, des sociétés analogues ont subi sa bienheureuse

M. Georges Besançon, secrétaire général de l'Aéro-Club de France.

impulsion, imité ses vertus extensives. On n'ignore plus que l'Aéro-Club de France, après avoir cherché et trouvé l' « Enfant » de Franklin, l'a arraché définitivement aux mains des jongleurs de foire et autres sabouleux, et recommencé son éducation : éducation théorique et pratique, sportive et scientifique. L' « Enfant » a fait de grands voyages aux pays lointains. Des aéronautes tels que Henry de La Vaulx, Jacques Balsan, Georges de Castillon de Saint-Victor, Alfred Leblanc, Jacques

Faure, René Gasnier, Paul Tissandier, pour ne citer que
ceux-là, le formèrent, l'emportèrent dans leurs nacelles
en d'immenses randonnées, lui firent accomplir le périple
du continent, le conduisirent jusqu'en Russie, au cœur
de l'Ukraine, ou à d'énormes altitudes. L' « Enfant »
a même exécuté des excursions physiologiques, et a
l'expérience approfondie des phénomènes de la météorologie. Santos-Dumont lui fit une place sur ses aéronats, puis le laissa évoluer, dès qu'il fit preuve d'une
tenue parfaite, sur nos modernes ballons-automobiles.
Aujourd'hui, l' « Enfant » aux yeux clairs est hors de
page. Ce n'est plus un petit prodige. Il arrive à l'âge
d'homme. Il a fait preuve de vigueur, d'endurance, de
force vitale, oublié sa malencontreuse, sa première
jeunesse falote et morbide. Il a pénétré les arcanes
de l'Idée aérienne, terminé le rudiment ardu de l'Aviation. Il connaît son « métier d'oiseau », semble voué
aux plus remarquables destinées [1].

De nombreux encouragements ont d'ailleurs excité

[1] Le Conseil d'administration de l'Aéro-Club de France est ainsi
composé :

Président : M. L.-P. Cailletet, membre de l'Institut; vice-présidents :
comte Henry de La Vaulx, Jacques Balsan, Léon Barthou; secrétaire
général : Georges Besançon; trésorier : comte de Castillon de Saint-
Victor; membres : H. Deutsch de la Meurthe, Abel Ballif, Louis Blériot,
René Grosdidier, Henri Menier.

Comité de Direction : MM. Armengaud jeune, Abel Ballif, Jacques
Balsan, Ernest Barbotte, Léon Barthou, Georges Besançon, Georges
Blanchet, Louis Blériot, L.-P. Cailletet, comte de Castillon de Saint-
Victor, comte de Chardonnet, comte Arnold de Contades, André De
lattre, Deutsch de la Meurthe, Georges Dubois Le Cour, Gustave Eiffel,
Robert Esnault Pelterie, Jacques Faure, capitaine Ferber, René Gasnier,
Etienne Giraud, René Grosdidier, Emile Janets, Henri Julliot, Henri
Kapferer, Frank-S. Lahm, comte Henry de La Vaulx, Alfred Leblanc,
Georges Le Brun, Maurice Mallet, Auguste Nicolleau, Henri Menier,
Albert Omer-Decugis, comte Hadelin d'Oultremont, Pierre Perrier,
François Peyrey, Paul Rousseau, Sir David Salomons, A. Santos-Du-
mont, Rodolphe Soreau, Victor Tatin, Paul Tissandier, Ernest Zens.

son émulation, et si les mécènes de la locomotion nouvelle — je citerai particulièrement M. H. Deutsch de la Meurthe — le gratifièrent de cadeaux princiers, deux présidents de la République, MM. Émile Loubet et Armand Fallières l'ont pris sous leur haute protection.

Les membres de l'Aéro-Club de France se réunissent en un dîner intime le premier jeudi de chaque mois.

Le comte G. de Castillon de Saint-Victor, trésorier de l'Aéro-Club de France.

Je ne sais rien de plus cordial que ces réunions périodiques, et crois bien qu'il n'existe pas un autre club où la camaraderie soit aussi vive. L'on y rencontre des savants austères et de jeunes et joyeux sportsmen. Là fraternisent bleus et chouans qui jamais n'effleurèrent des sujets délicats, mais abandonnent sur le seuil leurs préoccupations politiques. Là, le pilote du « sphérique » conte ses voyages aux lointains pays, le charme de l'atmosphère, les anecdotes du retour, par les divers genres de locomotion, au pilote de l'aé-

ronat qui songe à de prochaines et semblables randonnées. Ensuite ils interrogent, écoutent l'aviateur,
dont ils suivent, enthousiasmés, la marche ascendante.

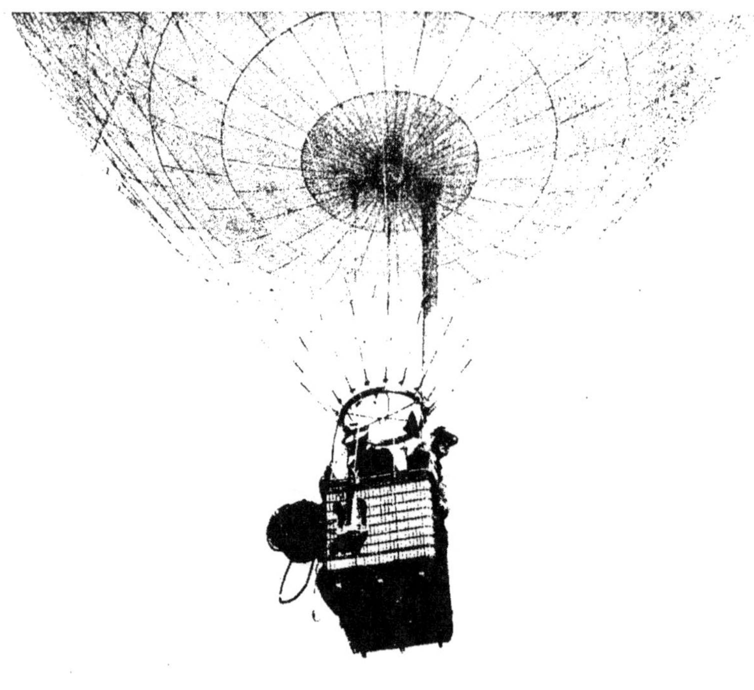

Départ d'un « sphérique ».

Aussi bien, tous sont empoignés par l'attrait de la mer
invisible, aussi jolie, aussi enjôleuse, aussi perfide —
puisque aussi changeante — que l'océan marin.

Tous ont été doucement bercés, ou emportés furieusement par la vague aérienne. Ils ont vécu les heures pénibles, angoissées, des nuits noires, ouatées de brume, où rôde le ballon perdu, aussi bien que le délicieux farniente des soirées calmes, baignées de lune, de l'atmosphère de cristal doré où plane la sphère blonde enlevant, suivant la typique expression de Victor Hugo, le calcul de Newton monté sur l'ode de Pindare !

.·.

L'Aéro-Club de France a fondé, le 12 octobre 1905, la *Fédération Aéronautique internationale*, afin de faciliter les rapports des aéronautes entre eux, d'assurer les intérêts internationaux de la locomotion aérienne, d'annihiler les tracasseries douanières, de donner une réglementation aux manifestations scientifiques et sportives internationales [1].

L'Aéro-Club de France a donc bien mérité de l'Aéronautique. A l'époque actuelle, où nous éprouvons ce sentiment réconfortant que le but est atteint, et avant de nous engager davantage dans le programme de cette étude, il n'était que simple justice de résumer, sans plus tarder, les services rendus.

[1] La Fédération aéronautique internationale, dont le président d'honneur est M. L.-P. Cailletet (France), est effectivement présidée par le prince Roland Bonaparte (France).

Vice-présidents : le comte Henry de La Vaulx (France), MM. Busley (Allemagne), Jacobs (Belgique), R. Wallace (Angleterre), prince Scipion Borghèse (Italie).

Secrétaire général : M. Georges Besançon (France).

Secrétaire rapporteur : capitaine Castagneris (Italie).

Trésorier : M. Paul Tissandier (France).

La première conférence a été tenue à Paris (septembre 1905) ; la seconde à Berlin (octobre 1906) ; la troisième à Bruxelles (septembre 1907) ; la quatrième à Londres (mai 1908) ; la cinquième à Londres (janvier 1909). La sixième conférence doit se tenir à Milan, en octobre 1909.

CHAPITRE PREMIER

LES BALLONS SPHÉRIQUES

Quelques mois avant l'ouverture de l'Exposition universelle de 1900, un journal parisien, que nous n'aurons pas la cruauté de nommer, écrivait ceci, en substance : « Les imaginations des organisateurs de l'Exposition sont en éveil ; l'on cherche un « clou »... que l'on ne trouve guère. D'aucuns proposent de reconstruire la tour Eiffel la tête en bas... Il est d'autres projets encore plus cocasses, mais moins, assurément, que celui que viennent d'annoncer quelques jeunes gens du monde. Ces jeunes gens se réunissent pour... faire des ascensions en ballon ! »

L' « écho » était au moins satirique. Il fit long feu. A la vérité, il était difficile de prévoir, à l'époque où il fut rédigé, les raids aériens, qui semblèrent fabuleux, des concours du bois de Vincennes, pendant l'Exposition, peu après la fondation de l'Aéro-Club de France. Les concurrents de la Société d'Encouragement y conquirent tous les prix, de haute lutte. Paris, le monde entier, s'émerveillèrent de leurs ascensions d'altitude et, surtout, à la nouvelle de leurs atterrissages si lointains ! Les grandes distances ne frappent-elles pas l'imagination des foules ? Deux locomotions, la vélocipédie d'abord, ensuite l'automobilisme, ne se sont-elles pas ainsi révélées ? Lorsque le comte Henry de La Vaulx réussit son premier voyage en Russie, vainement tenté avant lui, les paysans de Bresc-Konyaski le reçurent tout d'abord avec indifférence ; ils croyaient avoir affaire à un aéronaute ayant simplement franchi la frontière qui les sépare de l'Allemagne ; mais quand ils apprirent qu'ils avaient devant eux un Français, ils se précipitèrent pour lui baiser les mains. Le comte de La Vaulx n'était pas habitué à cet hommage ; il eut beaucoup de mal à s'y soustraire.

Du 17 juin au 9 octobre 1900, il y eut, au bois de Vincennes, 14 concours : 156 départs de ballons qui enlevèrent 323 personnes (156 pilotes, 60 aides, 107 passagers). Tout ce monde revint au sol sans le moindre accident.

Durée totale des ascensions : 1.028^h,33'; somme des distances : 27.152^{km},006; altitude totale : 406^{km},820.

Les différentes épreuves furent disputées par 43 aéronautes concurrents dont, à la clôture des concours, les principaux réunissaient le nombre de points suivants:

Henry de La Vaulx	5.080
Jacques Balsan	4.360
Jacques Faure	2.910
Georges Juchmès	1.300
G. de Castillon de Saint-Victor	1.000

En conséquence, le jury décerna le Grand Prix de l'Aéronautique au comte Henry de La Vaulx, le concurrent ayant réuni la plus grande somme de récompenses dans les concours de durée, d'altitude et de plus grande distance.

M. Jacques Faure avait pris part aux 14 concours sans exception : M. de La Vaulx : 13 ; M. J. Balsan : 12 ; M. G. Juchmès : 11 ; M. G. de Castillon : 11.

Pendant ces concours fut établi, le 23 septembre, par M. Jacques Balsan, qu'accompagnait M. Louis Godard, le record d'altitude français : 8.558 mètres.

Afin de réaliser cette très belle performance, M. Jacques Balsan dut avoir recours à l'oxygène dont les inhalations permettent la vie à de telles hauteurs. A ce propos, M. L.-P. Cailletet (de l'Institut), président de l'Aéro-Club de France, savant déjà illustre par de nombreux travaux — analyse de l'air, compression des gaz, etc. — médita sur les défauts des précédents appareils à oxygène, en trouva le remède. Après avoir inventé des instruments qui puisent automatiquement l'air, d'autres qui, toujours automatiquement, prennent des photographies des terrains sur lesquels plane le ballon, M. Cailletet imagina un masque enfermant le *nez* et la *bouche*, relié par un tube au réservoir d'oxygène, s'adaptant au moyen de bandes élastiques, et devant être appliqué sur le visage avant que le baromètre accuse l'altitude dangereuse. Un clapet permet le mélange à volonté de l'air ordinaire et de l'oxygène du réservoir, car l'excès d'oxygène produirait une véritable intoxication. Expérimenté par M. G. de Castillon de Saint-Victor, le masque Cailletet a évité à cet aéronaute le moindre trouble, tandis que ses deux compagnons, respirant l'oxygène d'après la méthode désuète, étaient plus ou moins souffrants.

M. L.-P. Cailletet a également trouvé le moyen d'emmagasiner, dans une bouteille de 3 litres, 2.400 litres d'oxygène liquide reprenant son état gazeux aussitôt qu'une pression sur une poire en caoutchouc fait passer une certaine quantité de fluide dans un second réservoir disposé *ad hoc*. Aujourd'hui, l'oxygène liquide, jadis très cher, se trouve dans le commerce à des prix raisonnables, et l'on utilise souvent la merveilleuse bouteille qui eût sauvé la vie de Sivel et Crocé-Spinelli[1].

***

C'est encore pendant les concours de Vincennes et
par son voyage à Korostychew (1.925 kilomètres en
35ʰ,45) que le comte Henry de La Vaulx, accompagné
du comte G. de Castillon, établit les records du monde
de la distance et de la durée. Le célèbre aéronaute, toujours recordman du monde de la distance,
a conservé le record de la durée jusqu'en octobre 1907.
A cette époque, M. Alfred Leblanc, qu'accompagnait
M. E. Mix, tint l'atmosphère 44ʰ,3 au cours de son
raid Saint-Louis (Missouri)-Herbestville (Océan Cᵒ,N.J.)
soit 1.394ᵏᵐ,459 [2].

Parmi les autres grands voyages aériens des pilotes
de l'Aéro-Club de France, on peut citer chronologiquement :

Paris-Westerum (Suède), par MM. Georges de Castillon et Maurice Mallet (1.330 kilomètres en 23ʰ,15,
septembre 1899).

Paris-Brese-Konyaski (Russie), par M. Henry
de La Vaulx, seul (1.237 kilomètres en 21ʰ,34, septembre 1900).

[1] Le *Zénith*, monté par MM. Gaston Tissandier, Sivel et Crocé-Spinelli, a atteint 8.600 mètres le 15 avril 1875. Cette ascension constituerait le record français, mais elle n'a pas été homologuée.

Le record mondial appartient aux Allemands par 10.800 mètres. Il a
été établi par MM. Berson et Süring, le 31 juillet 1901.

[2] M. Alfred Leblanc détient encore le record français de la durée. Le
record du monde appartient, depuis octobre 1908, au colonel suisse
Schaeck. Le colonel Schaeck fut recueilli dans la mer du Nord où il
s'était aventuré par mégarde (1.212 kil. en 73 heures).

Paris-Embouchure de la Léba (Poméranie), par
MM. Jacques Balsan et A. Corot (1.222 kilomètres en
22ʰ,38, septembre 1900).

Paris-Mamlitz (cercle de Schubin), par M. Jacques

M. Alfred Leblanc, détenteur du record français de la durée.

Faure, seul (1.183 kilomètres en 20ʰ.17, septembre 1900).

Paris-Opoczno (Russie), par MM. Jacques Balsan et
Louis Godard (1.345 kilomètres en 27ʰ,5, octobre 1900).

Paris-Madocsa (Hongrie), par MM. Jacques Balsan
et A. Corot (1.295 kilomètres en 27ʰ,9, janvier 1903).

Paris-Klem-Vieran (Silésie), par MM. Georges de
Castillon, André Legrand et Miss Moulton (1.400 kilomètres en 19 heures, octobre 1903).

Paris-Kirchdraüf (Hongrie), par MM. Jacques Faure
et X... (1.314 kilomètres en 18h,6, octobre 1905).

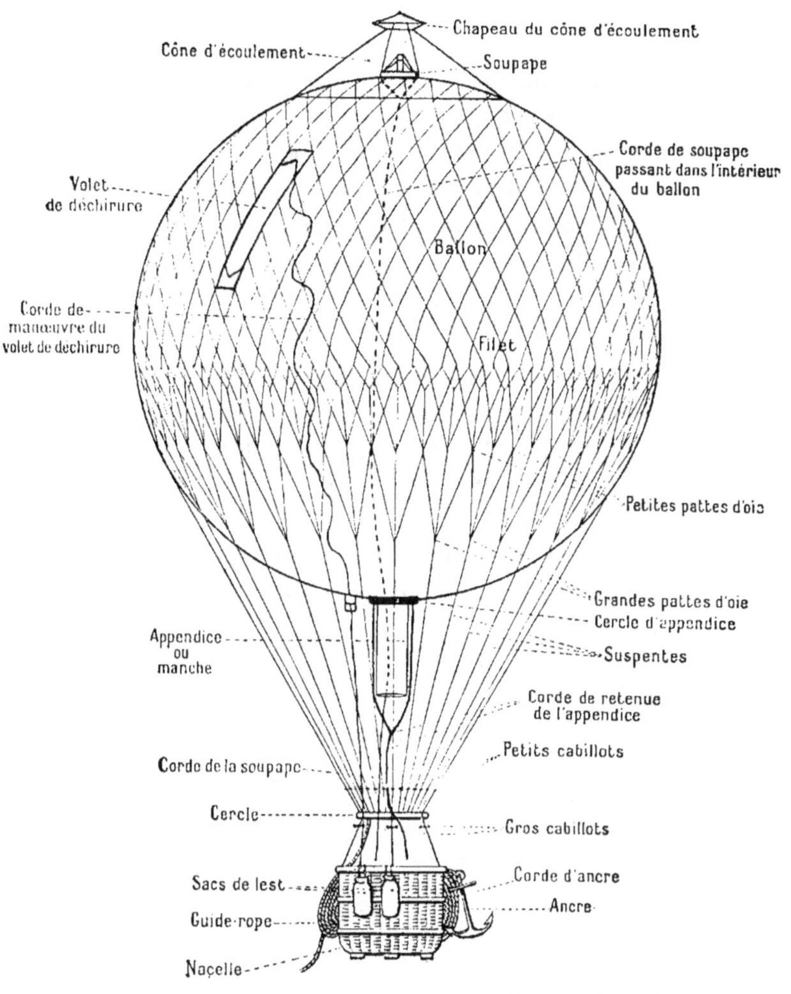

Cliché des *Sports modernes illustrés* (Librairie Larousse).

Schéma d'un « sphérique » moderne.

Paris-Lindenau (Moravie), par MM. J.-F. Duro et Herrera (1.080 kilomètres en 13ʰ,56, octobre 1905).

Saint-Louis (États-Unis — Mineral (Virginie), par MM. René Gasnier et Charles Levée (1.082 kilomètres en 38ʰ,10, octobre 1907).

Le lecteur voudra bien remarquer que, dans ce résumé, figurent seules les ascensions ayant dépassé 1.000 kilomètres à vol d'oiseau. Le cadre de cette plaquette n'a malheureusement pas permis de relater en détail des centaines d'autres voyages à l'étranger ni les divers concours de la puissante Société d'encouragement à la locomotion aérienne dont les aéronautes, poussés par une louable émulation, font aujourd'hui trouver naturels des faits qui eussent paru incroyables il y a quelques années [1].

Aussi bien le côté sportif ne doit point nous faire oublier les ascensions scientifiques. Nous ne saurions cependant passer sous silence la superbe traversée des Pyrénées, de Pau à Guadiz, par M. Fernandez Duro (janvier 1906), ni les principales traversées de la Manche.

Dans la nuit du 26 au 27 septembre 1903, le *Djinn*

---

[1] Les ascensions au parc de l'Aéro-Club de France, du 1ᵉʳ janvier au 31 décembre 1907, se sont élevées à 307, nécessitant 274.151 mètres cubes de gaz, enlevant 871 passagers, dont 111 femmes aéronautes. Total : 48.506 kilomètres en 1.872 heures.

En totalisant les ascensions des pilotes de l'Aéro-Club de France, dans la seule année 1907, on trouve 491 ascensions, 631.287 mètres cubes de gaz, 1.318 passagers dont 154 femmes aéronautes: 62.251 kilomètres en 2.517 heures.

Ascensions au parc en 1908 :

Nombre de départs : 334; mètres cubes de gaz : 352.105; passagers : 608.

En totalisant les ascensions des pilotes :

Nombre de départs : 542 ; mètres cubes de gaz : 532.620; passagers : 1.218; kilomètres parcourus : 61.521; heures de séjour dans l'atmosphère : 2.873.

(1.680 mètres cubes), piloté par le comte Henry de La Vaulx, accompagné du comte Hadelin d'Outre-mont et du capitaine J. Voyer, exécutait la traversée Paris (Saint-Cloud)-Hull (Angleterre, York). Le *Djinn* était le premier aérostat muni d'un ballonnet à air et d'une soupape d'appendice, suivant les théories de Meusnier. Grâce à ces nouveaux dispositifs, le pilote avait encore à l'atterrissage 240 kilogrammes de lest sur les 460 kilogrammes emportés du parc de Saint-Cloud.

La première coupe Gordon-Bennett, dont le départ fut donné aux Tuileries (septembre 1906), détermina une curieuse invasion de l'Angleterre. Sept concurrents de l'épreuve, qui fut remportée par le lieutenant américain F.-P. Lahm, franchirent le détroit.

Le voyage dans le sens contraire a été très souvent réalisé par M. Jacques Faure. Le 10 février 1905, notamment, cet excellent pilote, ayant comme camarade de voyage M. Hubert Latham, exécutait le raid Palais de Crystal-Aubervilliers en 6ʰ,30. Cette ascension bat les temps de tous les autres modes de locomotion, même les 6ʰ,50 du service extra-rapide Paris-Londres.

Il importe de compléter les records déjà mentionnés par celui de la Vitesse qui appartient à MM. Léon Barthou et Henry de La Vaulx, à bord du ballon *Au-fil-du-rent* (900 m³).

Au-fil-du-rent, élevé le 1ᵉʳ mai 1909 du parc de l'Aéro-Club de France, atterrit le lendemain sur les Alpines, commune des Baux (Bouches-du-Rhône). En proie à un mistral fou, les aéronautes franchirent en trois heures les 285 kilomètres séparant Mâcon des Baux. Le parcours Montélimar-les Baux, soit 92 kilomètres, ne demanda que 30 minutes — du 184 à l'heure !

Avant l'atterrissage, le mistral rabattit *Au-fil-du-vent*, qui guideropait, sur un roc des Alpines avec une brutalité inouïe. M. Léon Barthou, dont tout le corps fut meurtri, et blessé surtout à la tête, s'évanouit. M. Henry de La Vaulx eut une jambe brisée. Sa science

Cliché des *Sports modernes illustrés* (Librairie Larousse).

Atterrissage d'un « sphérique ».

et son courage lui permirent toutefois d'arracher le panneau de déchirure, et d'effectuer, dans l'épouvantable tourmente, un atterrissage normal.

* *

L'aimable obligeance de l'Aéro-Club de France a permis au Dr Hénocque d'organiser les ascensions physiologiques dont l'idée revient au D' Guglielminetti, et dont les frais ont été couverts par le Conseil municipal de Paris, M. Henry Deutsch de la Meurthe et le prince Roland Bonaparte.

Le but de ces ascensions? Étudier, entre 3.000 et 5.000 mètres, l'influence des hautes régions sur les modifications du sang et de la respiration. En d'autres termes : les sanatoria, juchés sur les montagnes, sont-ils favorables à la cure de la tuberculose?

C'est pourquoi le 21 novembre 1901, les D'' Reymond et Portier furent pilotés par M. Henry de La Vaulx ; les D' Hallion et Tissot par M. de Castillon de Saint-Victor ; les D' Jolly et Bonnier par M. Maurice Farman ; les D' Henry et Calagareanu par M. V. Bacon.

Les expériences furent reprises les 20 juillet et 12 août 1902 : les D' Reymond et Tripet s'élevèrent sous la conduite de M. Henry de La Vaulx ; le D' Tissot et un aide du Muséum se confièrent à M. G. de Castillon.

Le 6 juillet 1904, nouvelle ascension physiologique pilotée par M. Léon Barthou. La Faculté n'a plus la moindre frayeur de l'atmosphère.

Plus récemment, le 9 avril 1907, M. Maurice Farman permettait au D' Gastou de faire, à bord de l'Altaïr, des recherches complémentaires : la cure d'air doit-elle être accompagnée d'une cure d'altitude?

Enfin, le 3 juillet 1908, M. Albert Omer-Decugis pilota une ascension à grande hauteur, accompagné de deux observateurs : les D' Crouzon et Soubies.

L'altitude maxima, vérifiée, fut de 5.350 mètres.

De ces diverses expériences il résulte que le sport aérien est recommandable dans le traitement de la

Cliché des *Sports modernes illustrés*. Librairie Larousse.

Pliage d'un « sphérique ».

tuberculose, et que la cure d'altitude est préférable à la cure d'air. Il appert également que la circulation du sang, chez les sujets bien portants, se régularise en cours d'ascension aérostatique, d'où amélioration de l'état général.

.*.

Nous verrons ultérieurement que l'Aéro-Club de France a mis patriotiquement son matériel à la disposition du Gouvernement en cas de guerre. Déjà, à l'occasion de l'éclipse de soleil du 30 août 1905, son vice-président, le comte H. de La Vaulx, accepta la mission que lui proposait le ministère de l'Instruction publique. Il s'agissait de piloter dans l'atmosphère de Constantine, au moment de l'éclipse, un observateur qui fut M. Joseph Jaubert, directeur du service météorologique de l'Observatoire municipal de Paris.

MM. H. de La Vaulx et Jaubert s'élevèrent donc de Constantine et purent observer tout à leur aise, de leur balcon aérien, les curieux phénomènes provoqués par l'occultation complète du soleil.

En outre, M. Teisserenc de Bort, directeur de l'Observatoire de météorologie dynamique de Trappes, lança de Constantine un de ses ballons-sondes qui, munis d'appareils enregistreurs, atteignent d'énormes altitudes (de 15 à 20.000 mètres). Ces ballons-sondes portent des instructions précises, rédigées en plusieurs langues. Ils sont renvoyés le plus souvent à leur point de départ et rapportent ainsi de leurs fantastiques excursions, de précieuses indications météorologiques.

En 1901, les dirigeants de l'Aéro-Club de France

avaient pris à leur bord de savants astronomes ravis
de pouvoir suivre au-dessus des nuages le vol des

Le quartier de l'Opéra, à 600 mètres.

Photo A. Zens.

étoiles filantes qu'ils nomment « Léonides » et dont
l'essaim, parfois, s'évade de la constellation du Lion.

*
* *

Il y a seulement quelques années, photographier la terre ou les nuages d'une nacelle de ballon paraissait un problème insoluble. Les premiers clichés aériens furent pris par Nadar; ils n'étaient pas très satisfaisants, car l'on ne connaissait que le collodion, dépourvu de sensibilité.

Très heureusement pour les aéronautes, le gélatino-bromure d'argent est venu simplifier bien des choses, et l'appareil photographique fait désormais partie de l'armement d'un ballon.

M. Jacques Balsan, vice-président de l'Aéro-Club de France, offre annuellement à ses camarades, aéronautes et cervolantistes, l'occasion de prouver leur habileté. La plupart des concurrents méritent les plus vifs éloges pour l'intérêt de leurs épreuves. On peut ainsi établir des cartes parfaites, très lisibles, malgré la multitude de leurs détails.

Les concours Jacques Balsan ont fait revivre une idée de Nadar : le cadastre photographique. M. Charles Lallemand, ingénieur en chef des Mines, directeur du nivellement général de la France et de la réfection du cadastre, a prié M. A. Boulade de prendre, au moyen de cerfs-volants, des épreuves sur les territoires des communes des environs de Paris, dans lesquelles les opérations de la revision du cadastre ont été récemment exécutées et dont les plans peuvent être considérés comme étant d'une exactitude aussi rigoureuse que possible. On pourra alors comparer les résultats obtenus par les procédés photographiques, et ceux que donnent les méthodes topographiques.

La Tour Eiffel, vue de la nacelle d'un « sphérique ».

Citons, parmi les aéronautes qui se distinguent par la beauté et la netteté de leurs clichés, MM. A. et P. Boulade, Émile Wenz, capitaine Sacconey, Paul Tissandier, Ernest Zens, A. Omer-Decugis, Spelterini, lieutenant Bellenger, André Schelcher et *tutti quanti*. Avec le plus grand succès ils fixent les merveilleux et grandioses paysages, les mers de nuages bariolées, heurtées, polychromes, merveilles qui ne se révèlent qu'aux seuls aéronautes et faisaient crier d'admiration, jadis, un passager de Gaston Tissandier : « J'ai vu le soleil se coucher au milieu des glaciers polaires, je l'ai vu se perdre dans la baie de San Francisco, j'ai vu les grandes scènes que la nature dessine au cap Horn, j'ai fait le tour du monde, mais jamais pareil spectacle ne s'était offert à mes yeux. »

Un curieux appareil photographique est dû au comte de Chardonnet, membre de la Commission scientifique de l'Aéro-Club de France : un actinoscope dont le but est l'observation des variations d'intensité des différentes parties du spectre solaire aux différentes altitudes.

D'autre part, M. de La Baume-Pluvinel a fait plusieurs expériences, au moyen de ballons-sondes, afin de conclure à l'existence ou à l'absence de l'oxygène dans le soleil.

.·.

Personne n'ignore que l'ascension d'un « globe aérostatique » est provoquée par un jet de lest qui, presque toujours, lui fait dépasser sa zone d'équilibre parfait, d'où l'épuisement prématuré de l'orgueilleux étourdi dont l'audace à se rapprocher trop près du ciel bleu est

vite expiée. La première condition d'un voyage de
longue durée est le maintien du sustentateur à l'altitude convenable où il ne peut se... suicider, si j'ose
ainsi m'exprimer, où l'on protège son existence pen-

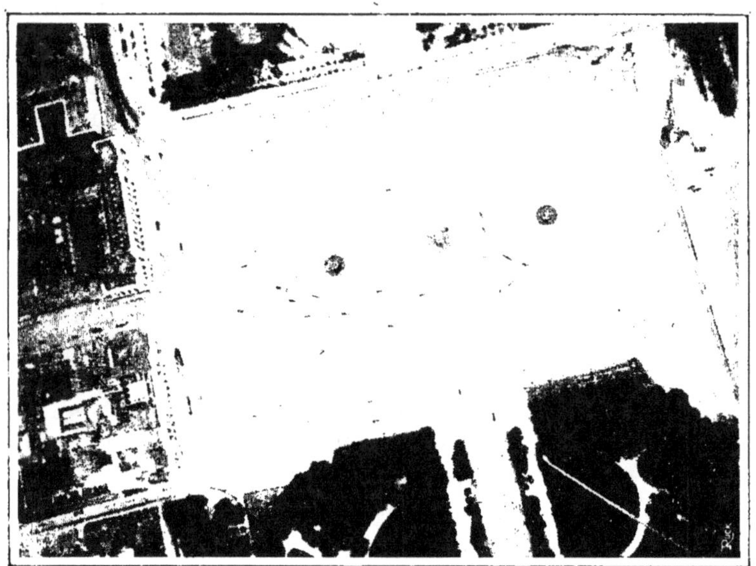

Photo E. Zeus.

La place de la Concorde, vue de la nacelle d'un « sphérique ».

dant de longues heures — dans le cas surtout d'une
aventure maritime.

Aussi bien l'élément liquide, occupant à peu près
les trois quarts de notre planète, se distribue de telle
sorte qu'il n'est que trop possible de s'y aventurer par
inadvertance. Il était donc de la première utilité de
munir le ballon d'engins lui permettant d'éviter une
telle catastrophe, et même de quintupler en toute
sécurité son champ d'action.

En collaboration avec M. Henri Hervé, ingénieur émérite, le comte Henry de La Vaulx exécuta en 1901, 1902 et 1904, au-dessus de la Méditerranée, de retentissantes expériences. Son ballon, *le Méditerranéen*, fut muni de stabilisateurs et de paradérives analogues à ceux que M. Henri Hervé avait expérimentés en 1886 sur la mer du Nord, au cours d'une ascension dont la durée atteignit 24h.30.

Le *Méditerranéen I* accosté dans la Méditerranée par un canot du croiseur *du Chayla*.

En 1901, *le Méditerranéen* s'éleva des Sablettes, près Toulon, convoyé par le croiseur *du Chayla*, dont le pont reçut le ballon après un essai de 11h.5 qui prouva que, contrairement à toutes les théories, un ballon convenablement gréé, lancé sur la mer, n'est pas en perdition ; qu'il jouit au contraire d'une stabilité et d'une sécurité plus grandes que les aérostats terrestres. L'année suivante, même démonstration avec le même succès.

En 1904, *le Méditerranéen* quitta Palavas-les-Flots,

toujours muni de ses engins protecteurs et possédant
en outre un moteur actionnant une hélice. Ce premier
ballon sphérique automobile réussit, le 13 juillet, à

Le *Méditerranéen II*, convoyé par le contre-torpilleur *la Pertuisane*.

regagner son point de départ. L'Académie des sciences
trouva à cette expérience mémorable quelque mérite,
puisqu'elle décerna le prix Houllevigne à MM. Henry
de La Vaulx et Henri Hervé. Les deux expérimentateurs ont prouvé à Palavas, aussi bien qu'aux Sablettes,

une admirable constance, et subi, sans un instant de
découragement, tous les ennuis possibles, les caprices
du vent et même l'impatience du public.

.*.

Le ballon sphérique qui rendit de si grands services
pendant le siège de Paris, encore qu'il ait été confié à
des aéronautes pour la plupart inexpérimentés, pourrait, *a fortiori*, être utilisé en campagne. N'a-t-il pas
été perfectionné, grâce à l'Aéro-Club de France, en
même temps que cette association créait près de cent
cinquante pilotes, qui tous, en diverses circonstances,
ont prouvé leur science et leur énergie ? Voilà donc
un précieux bataillon aérien en temps de guerre, prêt
dès aujourd'hui à se rendre à l'appel de la Patrie.

Si l'Aéro-Club de France a mis son matériel à la disposition du ministère de la Guerre, ses pilotes ont offert
également leurs ballons et eux-mêmes par surcroît.
Je ne saurais m'étendre plus longtemps sur ce sujet
trop confidentiel, on le comprendra facilement. Qu'il
me suffise de dire qu'à la première alerte nos pilotes
gagneraient le poste qui leur est déjà désigné, afin
d'assurer les divers services aéronautiques des places
fortes.

J'ajouterai que l'Aéro-Club de France met gracieuse-
ment ses ballons et son parc des coteaux de Saint-
Cloud à la disposition des élèves-pilotes militaires,
dont l'instruction expérimentale est ainsi grandement
facilitée.

Ce parc aérostatique [1], au bord de la Seine, entre

---

[1] Par 48° 51' 21" latitude nord et 6° 56' longitude ouest.

Suresnes et Saint-Cloud, tout près de l'aqueduc de
l'Avre, est un délicieux jardin, un jardin frais, fleuri

Une réunion au parc de l'Aéro-Club de France (coteaux de Saint-Cloud).

de massifs sur les pelouses en terrasses, dominé par
un chalet où grimpent des volubilis. C'est le point de
départ des grands voyages aériens et des ascensions de
début des élèves-pilotes.

Un « sphérique » en partance.
En nacelle, à droite : M. Léon Barthou, vainqueur, par cette ascension,
du concours de Francia (13-14 juillet 1909).

Avec une louable prudence, l'Aéro-Club de France ne décerne son brevet de pilote qu'aux membres justifiant de dix ascensions, dont deux effectuées la nuit. En outre, le postulant doit avoir couru les nuages seul à bord au moins une fois. Enfin sa demande est appuyée par deux parrains qui se portent garants de son jeune talent. Aussi, en douze ans d'existence, les accidents ont-ils été extrêmement rares.

Au parc des coteaux de Saint-Cloud, les vieux aéronautes ne songent pas sans mélancolie aux départs d'autrefois, dans la tristesse morne des usines à gaz, parmi les lugubres gazomètres. Alors, une ascension devait être préparée de longs jours à l'avance ; de fastidieuses formalités faisaient souvent hésiter le plus ardent amoureux de l'atmosphère.

Aujourd'hui, il suffit de téléphoner au parc, simplement. A l'heure qu'il indiqua, l'aéronaute trouve son ballon gonflé, en partance.

Une centaine de « globes aérostatiques » constitue la flotte de sphériques. A l'intention des sociétaires ne possédant pas de ballon, l'Aéro-Club de France loue un matériel spécial, à des prix modiques.

L'on doit attribuer à ces précieux avantages le nombre des membres de l'Aéro-Club de France : le millième fut ballotté en novembre 1908 [1].

---

[1] Siège social de l'Aéro-Club de France : 63, avenue des Champs-Élysées. Couleurs de la Société : bouton d'or et bleu.

CHAPITRE II

LES AUTOBALLONS

L'année même de la fondation de l'Aéro-Club de France, l'un de ses membres, qui devait rapidement

A. Santos-Dumont.

devenir célèbre, tentait ses premiers essais de dirigeabilité aérienne. Son premier aérodrome fut le jardin d'Acclimatation d'où il s'éleva, à deux reprises, après avoir eu l'audace de suspendre un moteur à explosions actionnant une hélice, sous un réservoir de gaz hydrogène.

La même raison qui nous fit résumer les voyages des ballons sphériques nous empêche également de détailler les travaux de Santos-Dumont. Nous devrons nous borner à rappeler ses résultats les plus concluants. obtenus à bord des aéronats portant les numéros V, VI et IX.

Dans le courant de 1900, Santos-Dumont installe son port d'attache au parc de l'Aéro-Club de France. aux coteaux de Saint-Cloud. La Société d'encouragement à la locomotion aérienne vient de fonder. grâce à la générosité de M. Henry Deutsch de la Meurthe, son premier Grand-Prix. En substance, 100.000 francs sont promis au premier aéronaute qui, parti du parc, aura doublé la tour Eiffel pour revenir au parc dans un temps ne dépassant pas 30 minutes. A vol d'oiseau. la tour se trouve à $4^{km}500$ du parc. Il s'agissait donc d'accomplir un circuit fermé de 11 kilomètres.

Immédiatement Santos-Dumont se mit à l'œuvre. Voici le résumé de son admirable effort et des expériences qui suivirent la conquête du prix Deutsch :

12 juillet 1901. — Première sortie du *Santos-Dumont V*, élevé du parc de l'Aéro-Club. Évolutions à Longchamp, à Puteaux, au-dessus de Paris. Avarie de gouvernail. Escale au Trocadéro. Retour à Longchamp, puis au point de départ. Parcours estimé : 45 kilomètres entre $4^h,30$ et $8^h.47$ du matin. (volume : 550 mètres cubes; moteur : 16 chevaux Buchet).

13 juillet 1901. — Deuxième sortie du *Santos-Dumont V*. Santos-Dumont double la tour Eiffel pour la première fois, quarante-cinq minutes après son départ; il se trouve tout près du parc lorsque le moteur s'arrête. Entraîné par le vent, Santos-Dumont arrache le panneau de déchirure et tombe sur les arbres du parc Rothschild.

Le *Santos-Dumont VI*, vainqueur du Grand-Prix de 100.000 francs de
l'Aéro-Club de France, fondé par M. H. Deutsch de la Meurthe.

29 juillet 1901. — Troisième sortie du *Santos-Dumont V*. — Évolutions au-dessus de Longchamp et retour au point de départ. Durée : 15^m,30 s.

4 août 1901. — Quatrième sortie du *Santos-Dumont V*. Évolutions au-dessus de Longchamp et retour au point de départ. Durée : 8 minutes.

8 août 1901. — Cinquième et dernière sortie du *Santos-Dumont V*. L'aéronaute double la tour Eiffel pour la deuxième fois. Au retour, l'enveloppe se dégonfle (mauvais fonctionnement du ballonnet). L'hélice touche et brise quelques suspensions devenues flottantes. Santos-Dumont arrache le panneau de déchirure et tombe sur les toits des Grands-Hôtels du Trocadéro où l'enveloppe éclate. — Mise en construction du *Santos-Dumont VI*.

6 septembre 1901. — Première sortie du *Santos-Dumont VI*. Évolutions à Longchamp. Insuffisance du gouvernail; au retour, le guide-rope s'embarrasse dans les arbres du parc Rothschild ; avaries. Ramené à bras d'hommes, l'aéronat s'échappe près du parc. Santos-Dumont arrache le panneau de déchirure. Chute de 150 mètres .(Volume : 622 mètres cubes ; moteur : 20 chevaux Buchet).

19 septembre 1901. — Deuxième sortie du *Santos-Dumont VI*. Évolutions à Longchamp. Dans un virage trop court, l'enveloppe touche un arbre et éclate.

10 octobre 1901. — Troisième sortie du *Santos-Dumont VI*. Évolutions à Longchamp. Escale à la Cascade. Retour au point de départ.

11 octobre 1901. — Quatrième sortie du *Santos-Dumont VI*. Évolutions à Longchamp. Avarie de gouvernail.

19 octobre 1901. — Cinquième sortie du *Santos-Dumont VI*. L'aéronaute double la tour Eiffel pour la

troisième fois et revient au point de départ, ayant rempli les conditions exigées par le règlement du prix Deutsch (¹).

31 octobre 1901. — Un coup de canon, tiré de la tour Eiffel à 6 heures du soir, annonce la clôture de la période annuelle du Prix Deutsch. M. Eiffel et les membres du Conseil d'administration de la tour, ont déjà offert à Santos-Dumont une médaille commémorative en or.

4 novembre 1901. — La Commission d'aérostation scientifique de l'Aéro-Club déclare que Santos-Dumont a rempli les conditions exigées par le règlement du prix Deutsch.

8 novembre 1901. — Santos-Dumont touche, à l'Aéro-Club, un chèque de 100.000 francs, montant du prix Deutsch. Il donne cette somme à son personnel et aux pauvres de Paris. Une somme de 25.000 francs, offerte quelques jours auparavant par M. Deutsch, avait déjà été distribuée aux pauvres.

11 novembre 1901. — Les admirateurs de Santos-Dumont lui offrent un banquet à l'Elysée-Palace-Hôtel.

28 janvier 1902. — Sixième et septième sorties du *Santos-Dumont VI*. — Évolutions au-dessus de la baie de Monaco. Retour chaque fois au point de départ. Première sortie, durée : 15 minutes; deuxième sortie, durée : 40 minutes.

10 février 1902. — Huitième sortie du *Santos-Dumont VI*. Évolutions au-dessus de la baie de Monaco. Retour au point de départ. Durée : 23 minutes.

12 février 1902. — Neuvième sortie du *Santos-Du-*

(¹ L'aéronat surplomba le parc 29' 30" après son départ. Emporté par son élan, il dépassa naturellement le but. Durée totale de l'ascension, depuis le départ jusqu'au moment où le guide-rope fut saisi, 30' 40" 4 5.

mont VI. Évolutions au-dessus de la baie de Monaco. Retour au point de départ. Durée : 30 minutes.

14 février 1902. — Dixième sortie du *Santos-Dumont VI*. L'aéronat sombre dans la baie de Monaco.

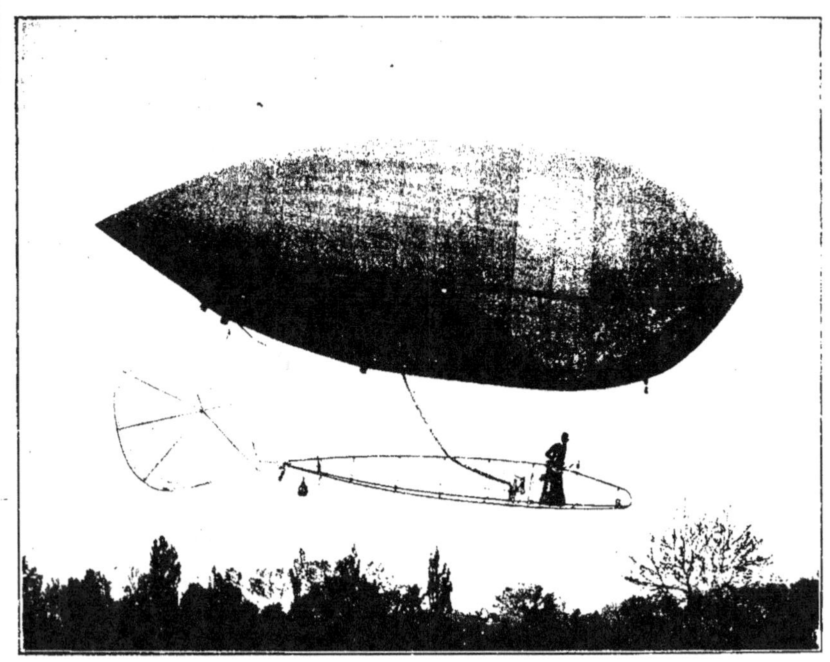

Le *Santos-Dumont IX*.

4 décembre 1902. — Santos-Dumont reçoit, à l'Aéro-Club de France, une médaille d'or en récompense de ses travaux aéronautiques.

16 décembre 1902. — Santos-Dumont propose à MM. Lebaudy un match de vitesse entre aéronats, dont l'enjeu serait de 100.000 francs. MM. Lebaudy ne relèvent pas ce défi.

7 mai 1903. — Premiers essais du *Santos-Du-*

mont IX dans l'enceinte de l'aérodrome de Neuilly. (Moteur : 3 chevaux Clément ; volume : 261 mètres cubes.)

8 mai 1903. — Première sortie du *Santos-Dumont IX* au champ d'entraînement de Bagatelle. Retour au point de départ. Durée : 1ʰ.15.

21 mai 1903. — Deuxième sortie du *Santos-Dumont IX* à Bagatelle. Visite au Polo-Club. Retour au point de départ. Durée : 1ʰ. 20.

29 mai 1903. — Troisième sortie du *Santos-Dumont IX*. Santos se rend au Polo-Club et revient au point de départ.

30 mai 1903. — Quatrième sortie du *Santos-Dumont IX* à Bagatelle. Retour au point de départ.

10 juin 1903. — Cinquième sortie du *Santos-Dumont IX*. Santos, après avoir évolué à Bagatelle, se rend au Polo-Club et regagne le point de départ.

14 juin 1903. — Sixième sortie du *Santos-Dumont IX*. Santos se rend aux courses de Longchamp, atterrit sur la pelouse et regagne le point de départ.

23 juin 1903. — Septième sortie. Santos se rend à son domicile, 114, avenue des Champs-Élysées, déjeune, et regagne son aérodrome, toujours par la voie aérienne.

24 juin 1903. — Huitième et neuvième sorties. — Dans la journée, Santos se rend au Polo-Club. La nuit, évolutions à Bagatelle. L'avant de l'aéronat supporte un phare à acétylène.

25 juin 1903. — Dixième sortie. — Évolutions à Bagatelle.

26 juin 1903. — Onzième, douzième et treizième sorties. Première expérience : Évolutions diurnes à Bagatelle. Durée 1ʰ.30. Deuxième expérience : Santos se rend à la porte Dauphine et regagne l'aérodrome. Durée de l'aller : 13 minutes ; du retour : 3 minutes

Troisième expérience : Évolutions nocturnes à Bagatelle. Durée : 1ʰ,30.

27 juin 1903. — Quatorzième sortie. — Évolutions à Bagatelle. Pendant quelques minutes, Santos cède l'aéronat à une jeune fille brésilienne, Mˡˡᵉ da Costa, qui se rend, au guide-rope, le moteur et l'hélice en marche, à la pelouse du Polo-Club. Mˡˡᵉ da Costa est la première femme qui soit montée à bord d'un ballon automobile.

28 juin 1903. — Quinzième sortie. — Santos se rend au parc de l'Aéro-Club (coteaux de Saint-Cloud) où il atterrit. Il regagne son aérodrome après avoir évolué au-dessus de Suresnes et de Puteaux.

3 juillet 1903. — Seizième sortie. — Santos vire au-dessus de l'avenue Henri-Martin et regagne l'aérodrome.

4 juillet 1903. — Dix-septième sortie. — Évolutions au-dessus de l'île de Puteaux.

5 juillet 1903. — Dix-huitième et dix-neuvième sorties. — Santos se rend aux courses d'Auteuil, atterrit au pesage. Au retour, près de l'île de Puteaux, le carburateur du moteur s'enflamme. Santos étouffe la flamme avec son chapeau et ferme l'admission d'essence. L'aéronat est ramené à l'aérodrome. Après un repos de quelques minutes, évolutions à Bagatelle pendant une demi-heure.

11 juillet 1903. — Vingtième sortie. — Santos va déjeuner au restaurant de la Cascade.

14 juillet 1903. — Vingt-unième sortie du *Santos-Dumont IX*. — Santos évolue au-dessus de Longchamp pendant la revue annuelle des troupes de la garnison de Paris. Retour au point de départ. Durée : 25 minutes. Alt. maxima : 200 mètres. Équilibre

remarquable malgré de nombreuses alternatives d'ombre et de soleil.

19 juillet 1903. — Quelques heures après sa démonstration éclatante à la revue, Santos-Dumont propose au ministre de la Guerre de mettre, en cas de guerre, ses aéronats à la disposition du Gouvernement français. Le général André, dans une lettre en date de ce jour, accepte au nom du Gouvernement cette offre généreuse.

*
* *

Un seul ballon, avant ces fameuses expériences, avait réussi à regagner son point de départ : la *France*, des capitaines Renard et Krebs (1884-1885). Mais Santos-Dumont est le premier aéronaute qui ait résolu le problème suivant : Étant donné deux points, s'élever de l'un d'eux, doubler l'autre et revenir au premier en un temps déterminé. Ce programme, qui paraît si simple aujourd'hui, semblait alors irréalisable, et l'on a vu quelles difficultés durent être surmontées avant qu'il fût rempli. En retour, et ce n'était que justice, le monde entier acclama le triomphal concurrent du grand prix de l'Aéro-Club de France.

Je voudrais que les notes suivantes, que je retrouve, fassent éprouver à ceux qui n'assistèrent point à la prouesse inoubliable du 19 octobre 1901, un peu de l'émotion ressentie par ses spectateurs :

. . . .

Autour du parc, et sur l'aqueduc des eaux de l'Avre, la foule devient énorme. Elle encercle encore la palissade du hangar et envahit les berges de la Seine. Le temps est couvert : de gros nuages gris et noirs filent assez vite dans un ciel sombre. Tout là-bas, en face de nous, s'élance, preste, la Tour Eiffel.

Santos escalade la nacelle, les aides empoignent l'appareil, et le *Santos-Dumont VI* sort lentement du hangar.

Deux heures vingt-huit minutes. Le ballon monte sur son guide-rope ; Santos embraye son hélice et cingle vers le gigantesque poteau. Mais l'altitude est trop faible, le guide-rope s'embarrasse dans les arbres entourant le parc, s'accroche. Est-ce un nouvel accident ? La foule angoissée, regarde, muette... Mais Santos jette du lest. Le « dirigeable » s'élève : les aides grimpent sur les arbres, escaladent des maisons, dégagent le ballon. Santos rentre au parc, atterrit. Il annonce son intention de repartir après avoir procédé à un nouveau pesage. La manœuvre qu'il vient d'effectuer, manœuvre très délicate où l'aéronaute eut besoin de tout son merveilleux sang-froid, est saluée par les applaudissements des spectateurs enthousiasmés.

Peu après l'aéronat monte de nouveau, et ce nouveau départ est splendide. Svelte, blond, sous le treillis léger des suspentes d'acier, le cigare de soie gonflé d'hydrogène prend son essor à la chanson brutale des quatre cylindres de son moteur.

Nous escaladons les talus, et voici que commence la première minute de cette demi-heure qui nous paraîtra longue comme un siècle, éternelle. Rapidement, sans tangage, le ballon file vers la Tour. Tous les yeux le suivent. Quelqu'un près de nous compte les minutes, et pas un mot n'est prononcé. Parfois, seulement, éclate une exclamation de désir. Des femmes halètent vers l'Homme emporté au lointain, qui ne se distingue déjà plus, vers le cerveau puissant de la machine aérienne admirablement obéissante, dont le triomphe s'affirme.

La vitesse semble croître. Il semble aussi que notre désir soit une force incommensurable. Le ballon approche du virage, monte contre le vent, le surmonte et vire.

On bat des mains, on applaudit encore et on clame déjà le succès. Un rayon de soleil filtre au travers des nuages : « Le soleil d'Austerlitz! » s'écrie l'un de nous. Soudain un mouvement de tangage assez violent; le ballon paraît stationner, puis aller à la dérive, au fil du vent : mais il se redresse bientôt et, tenant tête à la brise, se dirige vers son point de départ.

On devine la lutte, nettement engagée avec le vent, ce grand ennemi des aéronautes. On devine la lutte, on en souffre, et si, il y a un instant, nos vœux poussaient la nef aérienne, ils l'attirent maintenant comme un aimant.

Des gens escaladent la palissade, renseignent à chaque seconde leurs voisins. Santos gagnera-t-il le Prix Deutsch ? Encore un quart d'heure, dix minutes, cinq minutes ! L'angoisse augmente. L'aéronat est sur la Muette, puis il surplombe Longchamp! Le voici filant au-dessus des derniers arbres du Bois, et enfin il traverse la Seine !

Une immense clameur monte. Le ballon se trouve au-dessus du parc, vingt-neuf minutes trente secondes après son départ ; mais il le dépasse d'une centaine de mètres, vire encore, revient, et atterrit à l'endroit même où il s'éleva !

Si Santos-Dumont éprouva, l'été dernier, bien des déboires, l'ovation dut lui faire assurément oublier les jours gris. Toutes les mains se tendent vers lui, et

M. Henri Deutsch de la Meurthe, très ému, se fraye péniblement un passage vers l'aéronaute, qu'il embrasse en le félicitant.

Santos dit ensuite que son moteur s'est arrêté un instant, immédiatement après le virage. Le ballon se trouvait dans le lit du vent. Si le moteur n'était pas reparti, c'eût été la mort terrible dans l'étreinte de la Tour !

*
* *

Le fondateur de l'épreuve, le généreux mécène de l'Aéronautique, remit à Santos-Dumont, le soir même de la conquête, une somme de 25.000 francs. De plus, les intérêts de ce même Grand-Prix — 4.000 francs — avaient été attribués à Santos, en avril 1901, par la commission scientifique, en récompense de ses travaux aéronautiques. Le Grand-Prix se monta donc à 129.000 francs en réalité. Santos-Dumont n'en garda pas un centime. Il distribua cette grosse somme à ses aides et aux pauvres de Paris, et fonda un prix de 4.000 francs destiné au premier aéronaute de ballon sphérique qui, sans escale, tiendrait l'atmosphère pendant quarante-huit heures.

Depuis, il a gagné des prix d'aviation ; il les a également distribués à ses aides.

Les Parisiens, notamment, surent apprécier son désintéressement. Les jours de victoire, Santos entendit souvent monter vers lui leurs vivats, et, les jours de malechance, subis stoïquement d'ailleurs, la sympathie ambiante le réconforta.

La science nouvelle lui doit, en grande partie, de

n'être plus à l'époque des vagissements. Après avoir,
le premier, prouvé vraiment la dirigeabilité aérienne,
si longtemps rêvée, il a encore, le premier en Europe,
démontré la possibilité du vol artificiel.

J'ai souvenance, en écrivant ces lignes, de sa chute
terrible du 6 septembre 1901, entre Suresnes et Saint-
Cloud. L'aéronat était en morceaux... L'on eût pu
jouer aux jonchets avec les débris de la poutre armée !
Mais l'aéronaute n'avait pas une égratignure ; mais,
dans ces débris, il souriait, tranquille, à une foule épou-
vantée et stupéfiée par ce jeune homme au grand cœur.
Et cette foule voulut, quand même, le triomphe, et
Santos-Dumont fut hissé à la vue de tous dans sa
nacelle disjointe — comme sur un pavois !

LES AUTOBALLONS *LEBAUDY*

Le port d'attache des autoballons type *Lebaudy* se
trouve à Moisson (Seine-et-Oise), à quelques kilomètres
de la gare de Bonnières. Le vaste aérodrome s'élève sur
la rive gauche de la Seine, au fond de la boucle com-
mençant à Rolleboise pour se terminer à Bonnières. Le
village de Moisson voisine avec Freneuse, dont la principale originalité consiste en ce que son église décapitée
se morfond en rase campagne, tandis que le clocher est
venu s'installer au milieu des maisons.

Les autoballons type *Lebaudy* sont construits par
M. Henri Julliot et pilotés par M. Georges Juchmès,
membres de l'Aéro-Club de France.

M. Henri Julliot, né à Fontainebleau en 1855, sortit
major de la promotion 1876 de l'École Centrale, où il
était entré premier en 1873.

Dès sa sortie de l'École il fut attaché à l'importante
raffinerie, dont la direction technique ne tardait pas à lui
être confiée.

Les chefs actuels de la maison, MM. Paul et Pierre
Lebaudy, le chargèrent, en 1899, d'étudier la question
aéronautique et mirent à sa disposition les moyens

M. Henri Julliot, ingénieur-constructeur des autoballons type Lebaudy.

nécessaires pour réaliser le projet qu'il leur présenta,
arriver aux expériences qui ajoutent une page glo-
rieuse à l'histoire de l'Aéronautique française.

M. Georges Juchmès, né à Paris le 18 juillet 1874,
de parents lorrains ayant opté pour la France, fut,
en 1900, l'un des principaux lauréats des concours de
« sphériques » de l'Exposition universelle. Attaché à l'aérodrome de Moisson depuis 1902, il a dirigé les essais

des divers *Lebaudy*, puis des aéronats de même type,
Patrie, *République*, *Russie*, dont nous résumerons successivement les campagnes.

.

LE « LEBAUDY »

Les débuts du *Lebaudy* datent du 13 novembre 1902.
Ils furent absolument remarquables. L'aéronat, élevé
trois fois, regagna trois fois son point de départ.

Il était principalement caractérisé par son enveloppe
en tissu caoutchouté — une innovation en France, —
un châssis plate-forme métallique et un empennage
destiné à assurer la stabilité longitudinale; il a été
reconnu depuis que l'empennage supprimait les coups de
tangage justement redoutés par les autoballons (¹).

Le *Lebaudy* se faisait encore remarquer par sa nacelle en tubes d'acier, de forme nouvelle, et sa partie
propulsive, nouvelle également : deux hélices latérales.
Jauge : 2.284 mètres cubes pour une longueur de
56 mètres et un diamètre, au maître-couple, de 9^m,80;
moteur : 40 chevaux, Daimler.

Dans les aéronats qui succéderont au *Lebaudy*, on
retrouvera toutes ces caractéristiques. Ils ne différeront du modèle que par les perfectionnements inspirés
par l'expérience, ou la puissance mécanique progressivement augmentée.

Le *Lebaudy*, lui-même, subit quelques modifications
au cours des années suivantes, surtout dans sa partie

(¹) La première enveloppe du *Lebaudy* a été construite par les ateliers Surcouf qui sont devenus les ateliers de la société *Astra*.

aérostatique. Sa jauge actuelle atteint 3.300 mètres cubes.

.·.

A la suite de ses heureux débuts, le *Lebaudy* visita le pays environnant. Les habitants de Freneuse, de Rosny,

M. Georges Juchmès (officier de réserve), pilote des autoballons type Lebaudy.

de Mantes le virent souvent cingler dans leur atmosphère. L'année suivante, il gagna même l'établissement militaire de Chalais-Meudon, après une escale à Paris où, du 12 au 20 novembre, il fut l'hôte de la Galerie des Machines.

En 1905, l'autoballon, mis à la disposition du Gouvernement par ses propriétaires, participe, à Toul, à des expériences militaires. Entre temps, il exécute le

voyage Toul-Nancy et retour en 2ʰ, 14 (12 octobre), et
prend à son bord M. Berteaux, ministre de la Guerre
(24 octobre). Le 10 novembre, il gagne aisément
1.370 mètres d'altitude, hauteur fort respectable pour
un ballon automobile.

Aujourd'hui, le *Lebaudy* militarisé sert, à Chalais-Meudon, de ballon-école. Officiers et mécaniciens aérostiers,
terminent à son bord leur éducation expérimentale, et
les commandants Boutticaux et Voyer ont surplombé à
peu près tous les points de la banlieue parisienne. Le
navire aérien a même subi avec succès, au camp de Satory, une intéressante épreuve. Campé, le 16 juin 1909,
en plein air, il a résisté aux rafales pendant dix-sept
jours.

Si le *Lebaudy* a donné les plus grandes satisfactions
à son créateur et à son pilote, il leur a fait vivre parfois des heures grises. Son enveloppe éclata deux fois :
le 20 novembre 1903, lors de l'atterrissage à Chalais-Meudon, et le 6 juillet 1905 au camp de Châlons, au cours
d'un orage qui l'arracha à son campement et l'emporta sur un rideau d'arbres. Déjà, le 28 août 1904, un
coup de vent avait interrompu une escale près de
Moisson. L'autoballon repartit sans son équipage et
fut retrouvé entre Lisieux et Bernay.

<h2 style="text-align:center">« PATRIE »</h2>

Patrie fut commandé à MM. Lebaudy par le ministère de la Guerre, en vue d'applications militaires.
Construit, comme les *Lebaudy* ses aînés, sur les plans
de M. Henry Julliot, il fut accepté par la Guerre, après
essais de recette, le 26 novembre 1906. Il présentait

toutes les caractéristiques du modèle avec quelques améliorations de détail, afin d'augmenter la capacité de transport, la vitesse, et, par suite, l'étendue du champ d'action.

Même diamètre, au maître couple (10ᵐ,30), que le *Lebaudy* 1905, mais la longueur avait été portée à 60 mètres au lieu de 58. *Patrie* eut tout d'abord un volume de 3.150 mètres cubes, qui atteignit, après sa campagne d'été 1907, 3.500 mètres cubes. La plate-forme ovale, occupant la région inférieure médiane de l'enveloppe, était démontable, et le système de plans d'empennage de l'arrière, assurant la stabilité, s'augmentait et s'améliorait par deux gouvernails de profondeur, dits *ailerons*, permettant les changements d'altitude sans jets de lest ni coups de soupape. Ces *ailerons* étaient placés de part et d'autre de l'enveloppe, au niveau de son méplat ventral. Moteur : 70 chevaux Panhard.

Grâce à cet autoballon, les commandants Boutticaux et Voyer, devenus excellents pilotes à la suite des ascensions qu'ils firent en compagnie de M. Georges Juchmès, formèrent à leur tour deux équipages d'aéronats, dont le rôle comprenait le capitaine Bois, les lieutenants Bienvenue et Delassus et cinq sous-officiers mécaniciens.

Patrie, qui avait à son actif 11 sorties en 1906, a accompli, en 1907, 21 nouveaux voyages. Le 8 août, il rendait visite, à Rambouillet, à M. Fallières, président de la République, et subit un temps d'arrêt nécessité par les modifications de l'enveloppe. Puis l'aéronat gagna Verdun, qui devait être son port d'attache définitif.

Parmi ses nombreuses ascensions, il est intéressant de rappeler le voyage Moisson-Chalais, 52 kilomètres

en 1[h] 17 (15 décembre 1906); les évolutions à la
revue de Longchamp (1907), le voyage Chalais-château
de Rambouillet (8 août 1907); le voyage Chalais-
Étampes et retour, 100 kilomètres (23 octobre); l'ascension combinée avec des manœuvres de troupes
à Satory et pendant laquelle fut obtenue une
altitude de 1.300 mètres (16 nov.); le raid Chalais-
Verdun.

Ont pris place à son bord : M. Clemenceau, président du Conseil, et le général Picquart, ministre
de la Guerre (22 juillet 1907); le général Roques,
directeur du génie (29 juillet); le général Dals-
tein, gouverneur militaire de Paris (1er août); M. Mes-
simy, député, rapporteur du budget de la Guerre
(1er août); M. Cochery, député, membre de la Commission du budget (2 août); M. Léon Barthou, directeur
du cabinet du ministère des Travaux publics (26 octobre).

*
* *

Malheureusement une forte déception était réservée
aux aérostiers militaires : *Patrie*, le plus bel aéronat
de France, l'unité principale de notre flottille aérienne
de guerre, s'échappa à vide au cours d'une escale for-
cée à la frontière, aux environs de Verdun et à quelques
lieues de Metz-la-Lorraine !

Ainsi que nous l'avons dit, l'autoballon — sa période
d'instruction terminée à Chalais-Meudon — avait
gagné d'une seule traite, le 23 novembre 1907, la place
forte de Verdun. Sans tomber dans les exagérations et
les naïvetés de certains, qui semblent découvrir la

dirigeabilité aérienne à chacune de ses preuves, il convient de louer le fait suivant : *Patrie*, élevé à 8ʰ 40 du matin par un vent S.-S.-O. (11 mètres à la seconde, Tour Eiffel), qu'il subissait donc par tribord, cingla vers la Champagne, passa au zénith de Châlons, et, la forêt d'Argonne franchie, atteignait Verdun, descendait, à 3ʰ 45, aux portes de son nouvel aérodrome. Durée : 7ʰ 05 ; distance à vol d'oiseau : 236 kilomètres ; équipage : commandants Bouttieaux et Voyer, capitaine Bois, lieutenant Delassus, adjudants-mécaniciens Deguffroy et Girard.

Or, le 29 novembre, *Patrie* reprenait l'atmosphère, piloté par le capitaine Bois, ayant comme passagers le général Andry, gouverneur de Verdun, et son officier d'ordonnance. Il paraît que, peu après le départ, le vêtement d'un mécanicien s'engagea fâcheusement dans le moteur. L'aéronat s'en fut à la dérive, atterrit au village de Souhesmes, à 15 kilomètres S.-O. de Verdun. Les mécaniciens commencèrent aussitôt les réparations, et sans doute l'aéronat, tout comme après sa panne de Fresnes, aurait-il regagné l'aérodrome par ses seuls moyens, s'il ne s'était élevé un fort vent d'est.

Durant la nuit et la matinée du lendemain, un détachement de troupes réussit à maintenir *Patrie* debout au vent. Malheureusement, dans la journée du 30 novembre, une violente rafale arrachait l'autoballon des mains de ses deux cents gardiens, et l'emportait vers l'ouest !

Patrie fut aperçu le 1ᵉʳ décembre, vers quatre heures du soir, par les habitants de Larne (Irlande), puis au dessus d'une ferme, près de la mer, et auprès de laquelle il laissa ses hélices et son arbre de couche. Mais il continua son vol fou, qui dut se terminer soit dans le canal du nord, entre l'Irlande et l'Écosse, soit dans l'Océan. La distance à vol d'oiseau, entre Verdun et Larne, est de 1.050 kilomètres.

Ce voyage, tristement célèbre, aura tout au moins prouvé la robustesse, l'excellente construction du navire atmosphérique dont les expériences militaires se peuvent ainsi résumer :

Exploration du terrain bien au delà des fronts d'armée ; communication d'une place bloquée avec une armée de secours ; jets de projectiles sur les points vitaux de l'organisation ennemie ; invulnérabilité presque complète.

« RÉPUBLIQUE »

République, qui remplaça l'autoballon sombré dans les mers boréales, a été construit sur les plans de *Patrie*. Les essais de recette furent dirigés, comme les précédents, par M. Georges Juchmès et, peu après, l'appareil gagnait Chalais-Meudon par la voie aérienne (31 juillet 1908. Il couvrit les 58 kilomètres du parcours en 1ʰ.22 dont 1ʰ,13 de trajet effectif.

Le 1ᵉʳ août, *République* traversait Paris, et, les jours suivants, exécutait le périple de la banlieue parisienne. Le 21 août, le ballon automobile allait saluer le Président de la République au château de Rambouillet, évoluait derechef sur Paris le 5 septembre, mais se rendit, ce jour-là, jusqu'à Compiègne.

Départ de Chalais-Meudon à 8ʰ,35 du matin. A bord : MM. le commandant Voyer ; le capitaine Bois, pilote, et l'adjudant-mécanicien Vincenot.

Traversée de Paris contre le vent, en se dirigeant vers le nord-est. A 9ʰ,15, passage à la Villette.

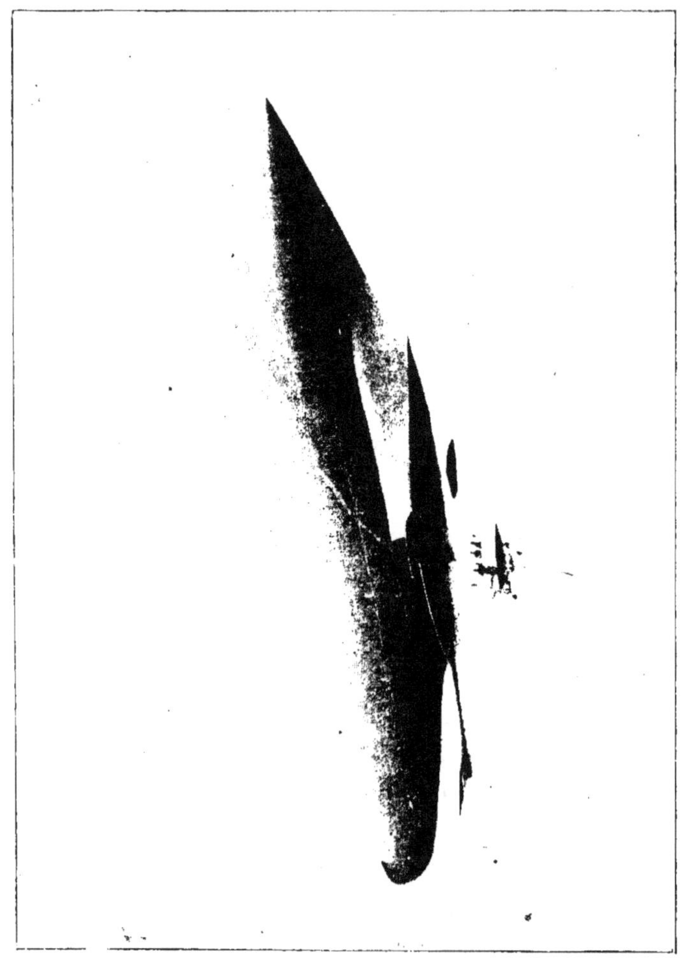

L'autoballon *Patrie*.

au-dessus des usines Lebaudy où a été construite la partie mécanique. Poursuivant sa course plus au nord, le ballon gagnait Senlis à 11ʰ,30, Pont-Sainte-

Maxence à midi, et arrivait à Compiègne vers midi et demi. Là, il évolua longuement au-dessus de la ville, vira autour du clocher de l'église Saint-Jacques et reprit, sans s'arrêter, la direction de Paris. Contournant, au retour, la banlieue sud de la capitale, il regagnait Chalais-Meudon, où l'atterrissage s'opéra, sans encombre, à 3ʰ,45.

C'est là un très beau raid de 200 kilomètres environ, accompli en 6ʰ,30, à une vitesse de 30 à 35 kilomètres. Altitude moyenne : entre 300 et 400 mètres ; le maximum de hauteur atteint, au retour a été de 650 mètres.

République avait emporté 420 kilogrammes de lest ; il en possédait encore 190 kilogrammes à l'arrivée.

Consommation d'essence : 190 litres.

Le ballon était gonflé depuis 140 jours.

Le voyage Chalais-Compiègne et retour clôtura la première campagne d'expériences militaires de *République*, qui fut regonflé à la fin de juin 1909. Le 3 juillet, il se rendait à Saint-Germain, défilait quelques jours après à la revue de Longchamp, de conserve avec la *Ville-de-Nancy*.

« RUSSIE », « LIBERTÉ », ETC.

Les sportsmen qui suivirent les diverses et belles performances que nous venons de relater, apprirent sans étonnement que le Gouvernement russe sollicitait de la maison Lebaudy un aéronat du type *Patrie* et *République*.

Russie fut rapidement construit, et les officiers russes chargés d'en prendre livraison purent monter à son bord dès le 10 juin 1909, date des essais officiels. Le 19, après de nombreuses sorties, *Russie* fut dégonflé et expédié à Dunkerque, d'où un steamer l'emporta vers Saint-Pétersbourg.

MM. Henri Julliot et Georges Juchmès reprirent ensuite la construction d'un nouvel autoballon militaire français, *Liberté*, qui jaugera 4.200 mètres cubes. L'aérodrome de Moisson a été considérablement agrandi; un nouveau hangar, beaucoup plus vaste, s'allonge à coté du premier abri des types *Lebaudy*, et M. Henri Julliot songe à une grande machine aérienne automobile, de 8.000 mètres cubes, qu'il espère pouvoir prochainement mettre en chantier.

LES AUTOBALLONS *ASTRA*

Il n'a pas suffi à M. Henry Deutsch de la Meurthe d'encourager l'Aéronautique en offrant des prix très importants afin de susciter l'émulation dans ses trois branches. M. Henry Deutsch de la Meurthe a voulu, par surcroît, prêcher d'exemple, et le grand industriel, par la fondation de la Société *Astra*, a donné l'un des plus vifs témoignages de son intérêt pour le sport aérien.

La Société *Astra* est dirigée par MM. Henry Kapférer et Edouard Surcouf.

« LA VILLE-DE-PARIS »

Longtemps — ne fut-il pas mis en chantier dès 1901 ? — l'aéronat la *Ville-de-Paris*, put être comparé au fameux couteau de Jeannot. De son couteau, Jeannot changeait tantôt la lame, tantôt le

manche : c'était toujours le couteau de Jeannot. Mais,
à vrai dire, si la *Ville-de-Paris* vit souvent sa poutre-
armée surmontée d'une nouvelle enveloppe, ou son
enveloppe surplomber une nouvelle poutre-armée, ce

La *Ville-de-Paris.*

ne fut plus du tout, en l'automne de 1907, la *Ville-
de-Paris* du début du xxᵉ siècle. L'aéronat de fort tonnage, définitivement établi par MM. E. Surcouf et H. Kapferer, comprenait tous les dispositifs nouveaux créés par
l'expérience des navigateurs de la mer aérienne.

La *Ville-de-Paris* (3.200 mètres cubes) diffère sur plusieurs points des ballons type Lebaudy. MM. Surcouf et

Kapférer, ont remplacé la quille par un empennage stabilisateur formé d'un faisceau à section cruciforme de huit tubes gonflés à l'hydrogène, en communication avec l'enveloppe. Cet empennage, s'il est excellent au point de vue stabilité, doit nuire à l'avancement. Une seule hélice, tractive, donc à l'avant de la poutre armée. Diamètre : 6 mètres ; moteur : 70 chevaux Chenu. Entre la poutre armée et l'enveloppe, deux gouvernails de profondeur, plans cellulaires, jouent le rôle des ailerons de *Patrie*.

La première sortie date du 11 octobre 1906. Elle ne fut pas heureuse. Une panne de carburateur obligeait l'aéronat élevé de Montesson-Sartrouville, son port d'attache, à atterrir à Chambourcy, grille d'Hennemont, où il fut dégonflé. Équipage : MM. E. Surcouf, H. Kapférer, Cormont et le mécanicien Paulhan.

Dans les premiers jours de juin 1907, la *Ville-de-Paris* entra de nouveau en gonflement. Les essais préparatoires terminés, l'aéronat s'élevait le 9 août, piloté par M. E. Surcouf, et regagnait son point de départ après une série d'évolutions satisfaisantes à tous les points de vue. Ces essais furent poursuivis le 24 du même mois, puis M. E. Surcouf céda le commandement à M. H. Kapférer, qui vint rendre visite aux Parisiens le 12 septembre (Montesson-Opéra). M. Kapférer avait poussé, la veille, jusqu'à Billancourt, familiarisé qu'il était avec l'appareil par des ascensions exécutées sous sa direction les 30 août, 1er, 2, 6 et 7 septembre. Le 6 septembre, il gagna Romainville, où se trouve une propriété de M. H. Deutsch de la Meurthe ; mais un coup de rabat dans les bois endommagea l'hélice. Les réparations effectuées immédiatement lui permettaient, le lendemain, de regagner le port où il atterrissait en pleine nuit.

Le 14 novembre, la *Ville-de-Paris* plane sur le
Grand Palais, où se tenait l'Exposition décennale de
l'Automobile. Les jours suivants, l'aéronat visite les

M. Henry Kapférer, pilote des autoballons *Astra*.

terrains d'expériences (Issy-les-Moulineaux et Buc) où
nos aviateurs exécutaient leurs premiers vols.

Nous arrivons à l'époque de la désertion de *Patrie*.
Dans un grand geste patriotique, M. Deutsch offre son
ballon au gouvernement qui l'accepte, et le général
Picquart, ministre de la Guerre, désigne les officiers
qui, par diverses ascensions, sous la conduite de

M. Henry Kapférer, devront se familiariser avec la manœuvre de l'engin.

Le 6 décembre, Sartrouville-Mantes et retour, soit 90 kilomètres en 2ʰ,30.

Le 18, promenade sur Saint-Germain et Chatou. La *Ville-de-Paris* a à son bord M. Louis Barthou, ministre des Travaux publics, le plus sportif des membres du Gouvernement. Ultérieurement, M. Louis Barthou, qui a déjà fait plusieurs ascensions en « sphérique » en compagnie de M. Léon Barthou, son frère, pilote de l'Aéro-Club de France, montera également l'aéroplane Wright.

Le 24, Sartrouville-Coulommiers et retour, en 5ʰ.10.

Le 15 janvier 1908, la *Ville-de-Paris* quitte définitivement Sartrouville pour Verdun.

A 9ʰ.10 du matin, l'appareillage commença. Le Bureau central météorologique annonçait un vent de S.-S.-O. entre 250 et 300 mètres d'altitude. M. Henry Kapférer, pilote commandant de bord, le commandant Boutticaux, directeur de l'Établissement central de l'aérostation militaire, le mécanicien Paulhan, montaient à bord.

A 9ʰ.47, la *Ville-de-Paris* s'éloignait à belle allure.

L'autoballon passa sur Asnières, Clichy, Chelles, Couilly, Coulommiers, Boissy, Rebais, Montmirail. Comme *Patrie*, il brûlait, à 3ʰ.10 du soir, l'étape de Châlons où une équipe d'aérostiers et des voitures-tubes avaient été envoyées en cas d'un ravitaillement éventuel.

Continuant sa route il approchait de Sainte-Menehould lorsque, entre Dommartin et Varimont, une panne, un tube dessoudé, immobilisa le moteur. Sans perdre son sang-froid, le pilote se laissa entraîner au fil du vent.

cherchant un endroit propice pour l'atterrissage qui
s'effectua à 1 kilomètre du village de Valmy, près de
la statue de Kellermann, avec le concours des habitants
accourus et d'automobilistes.

Les aéronautes descendirent et réparèrent l'organe
brisé chez un forgeron du village. A 5ʰ,15, ils s'éle-

M. Edouard Surcouf, ingénieur-constructeur de la Société *Astra*.

vèrent de nouveau et reprenaient la route de Verdun.
Guidés par les phares des automobiles, ils passaient
Sainte-Menehould, franchissaient l'Argonne et atterris-
saient à Verdun à 7ʰ,25, après avoir décrit des évolutions au-dessus du hangar de Belleville-les-Verdun,
que signalaient, assez mal, d'ailleurs, des projecteurs
d'un fonctionnement défectueux.

Les aéronautes furent reçus par le général gouverneur
de Verdun et acclamés par la foule. A 7ʰ,45, la *Ville-*

de-Paris occupait sous le hangar la place de *Patrie* évadé.

Le 16 novembre 1908, la *Ville-de-Paris* reprit le cours de ses ascensions militaires, interrompues ce jour-là par une panne sans importance, et qui se poursuivirent sans autre incident jusqu'au 2 décembre.

·.·

J'ai pu, notamment, apprécier les qualités de pilote de M. Henry Kapférer, le jour où il vint à Buc, accompagné de M. Henry Deutsch de la Meurthe — qui flambait pour son ballon d'une passion juvénile, et le mit souvent à contribution pour gagner ses rendez-vous de chasse — rendre visite à l'oiseau artificiel de M. R. Esnault-Pelterie. Pendant l'escale s'était élevé un vent très frais, absolument contraire au retour. Avec une superbe confiance, M. Henry Kapférer commanda l'appareillage et parvint au port d'attache, après une longue et savante lutte contre la houle invisible. Il dut goûter depuis des joies encore plus vives, et, sans doute, conservera-t-il le souvenir de son atterrissage à Verdun, en pleine nuit noyée de brume... Aussi bien l'arrivée, en de telles circonstances, de la *Ville-de-Paris*, dut être fantastique. En guise de phares, l'on avait allumé aux portes de l'aérodrome de grands feux qui saignaient dans le brouillard. Attirée par la lumière, une grande bête mystérieuse descendit du ciel...

Je dois moi-même à la *Ville-de-Paris* une impression assez étrange. L'aéronat avait fait escale à Issy-les-Moulineaux, où évoluait Henri Farman. Lorsqu'il

repartit, un brouillard dense encerclait le terrain de
manœuvres, et nous étions comme emprisonnés dans
une rotonde d'ouate et — si l'on me permet cette comparaison — assez semblables à des grains de sable par-
semant le fond d'un immense bocal où nageait non-
chalamment un cyprin gigantesque !

« LA VILLE-DE-NANCY »

A peine né, ce nouveau ballon automobile de la
Société *Astra* a pris son vol vers Nancy où il constitue
actuellement le « clou » de l'Exposition de l'ancienne
capitale de la Lorraine.

Quelques heures après avoir brillamment défilé à
la dernière revue de Longchamp, la *Ville-de-Nancy*,
pilotée par MM. Henry Kapférer et Edouard Surcouf,
s'envola, à l'aube du 16 juillet, vers la frontière. Une
légère panne interrompit le raid près de Faremoutiers
où fut établi un campement de fortune. Le 18 juillet,
après avoir heureusement supporté divers coups de
vent sur ses ancres, l'aéronat gagnait l'aérodrome de
Beauval où était réparé le tube d'essence, cause de
l'arrêt. Il en repartait le même jour pour arriver à
Nancy, à huit heures du soir.

La foule en délire, poussant des cris de « Vive Kapférer ! vive la France ! », rompit le cordon du service
d'ordre, se pressant autour de la nacelle, voulant porter
en triomphe le pilote et ses compagnons.

M. Kapférer fut félicité par M. Bonnet, préfet
de Meurthe-et-Moselle, entouré de toutes les notabi-
lités de la ville et du département. M. Kapférer, avec
beaucoup de modestie, reporta sur ses aides le mérite

du voyage, qui s'était accompli à une vitesse moyenne de 50 kilomètres à l'heure, entre 200 et 500 mètres de hauteur.

La *Ville-de-Nancy* et *République*, défilant à la revue de Longchamp (14 juillet 1909).

Voici les principales caractéristiques de la *Ville-de-Nancy* :

Carène fusiforme, dissymétrique, de 10 mètres de diamètre au maître-couple et 55 mètres de longueur, en tissu caoutchouté Continental. Jauge : 3.300 mètres cubes.

A l'intérieur de la carène, se trouve un ballonnet compensateur de 1.000 mètres cubes alimenté d'air par un ventilateur à grand débit.

L'empennage comporte quatre ballonnets postérieurs en communication avec le gaz du ballon. Fixés à l'arrière de la carène, suivant une génératrice et sur une longueur de 150 millimètres environ, ils ont une forme conique et sont réunis en arrière par de fortes toiles formant cloisonnement.

Il existe à l'arrière et à la partie inférieure du ballon deux soupapes automatiques à gaz s'ouvrant sous une pression de 40 millimètres d'eau. Le ballonnet a deux soupapes automatiques laissant échapper l'air à 30 millimètres. Ces soupapes peuvent se commander à la main.

La nacelle en tubes d'acier et à parois garnies d'étoffe et de tôle d'aluminium, est spacieuse et commode. Elle mesure 30 mètres de long, 1^m,50 de large et 1^m,50 de haut. Pour permettre au pilote de mieux voir les manœuvres au départ et à l'atterrissage, le plancher a été surélevé.

Sur la nacelle sont montés : 1° en avant, un gouvernail de profondeur composé de trois plans superposés, orientables autour d'un axe horizontal; 2° en arrière, le gouvernail de direction, formé de deux plans verticaux entoilés.

Le moteur est un *Bayard-Clément* de 120 chevaux, actionnant par des engrenages démultiplicateurs enfermés dans un carter, une hélice intégrale Chauvière, à l'avant de la nacelle.

Système de suspension : la nacelle est soutenue par des suspentes en câbles d'acier se fixant à des pattes d'oie amarrées au ballon par des bâtonnets de buis engagés dans une ralingue. Sous la ralingue de suspension, une deuxième ralingue où sont amarrées les pattes d'oie du réseau triangulaire. Les suspentes sont attachées à la nacelle par l'intermédiaire de caps de mouton, ce qui les rend réglables.

Parmi les passagers des premières sorties de la *Ville-de-Nancy*, l'on peut citer deux femmes aéronautes : Mmes M.-A. Lafaurie et E. Surcouf, et MM. Alfred Leblanc, Paul de Malaret, André Roussel, etc., etc.

La Société *Astra* termine la construction de deux nouveaux ballons automobiles : *le Colonel-Renard* et *la Ville-de-Bordeaux*.

LES AUTOBALLONS *CLÉMENT-BAYARD*

Metteur au point, depuis trente ans, de tous les progrès effectués dans la locomotion, du cyclisme à l'automobile, M. Adolphe Clément devait naturellement s'intéresser au sport nouveau. Et comme ce grand industriel dispose des plus puissants moyens d'exécution, l'Aéronautique française peut compter sur lui.

M. A. Clément a construit dans ses usines la partie mécanique du *Clément-Bayard I* vendu au Gouvernement russe, et du *Clément-Bayard II*, qui doit être prochainement inauguré. Ce dernier, d'un volume de 6.500 mètres cubes, sera actionné par deux hélices latérales. Force motrice : deux moteurs de 120 chevaux chacun. D'autre part, M. Clément étudie le projet d'un grand ballon qui jaugerait 15.000 mètres cubes pour une puissance de 1.000 chevaux !

Les enveloppes et le gréement des autoballons *Clément-Bayard* sont exécutés par la Société *Astra*.

« LE CLÉMENT-BAYARD I »

Le *Clément-Bayard I* mesure 56 mètres de long,

M. Adolphe Clément.

10^m,58 de diamètre ; son volume est de 3.500 mètres cubes et sa surface de 2.250 mètres carrés.

Il a une nacelle de 28^m.50 de long, construite en tubes d'acier. A l'avant se trouve le gouvernail de profondeur. Son hélice, construite par M. Chauvière, est en bois et mesure 5 mètres de diamètre. La partie mécanique est sans contredit la plus belle qu'on ait faite jusqu'à ce jour. Une innovation heureuse : le pilote, par une simple lecture de l'appareil enregistreur placé devant lui, sait exactement à quel régime tourne son moteur et peut se rendre compte du travail de l'hélice. La nacelle est enfermée dans une tangue en toile caoutchoutée, sauf la partie sur laquelle repose le moteur, la cabine du pilote et celle des voyageurs. Ces cabines sont à parois en tôle d'aluminium. Le réservoir à essence, placé devant le pilote, contient 450 litres ; le moteur est un 120 chevaux Clément-Bayard.

Parmi les principales sorties du *Clément-Bayard I*, depuis ses débuts du 29 octobre 1908 — il plana longuement sur Paris — nous relaterons surtout le voyage Sartrouville-Pierrefonds et retour (1er novembre 1908).

M. Henry Kapférer était à la direction, M. Capazza au stabilisateur, M. Sabatier, l'ingénieur des usines Bayard-Clément, au moteur avec un mécanicien. Passagers : MM. A. Clément et Guillelmon.

M. Clément donnait l'ordre de se diriger vers Compiègne. Voici le tableau de marche.

Départ : Sartrouville, 11h,15 ; Maisons-Laffitte, Herblay, la Frette, Pierrelaye, Meriet, l'Isle-Adam, Beaumont, Boran, Gouvieux, Saint-Maximin, Creil à 12h,39. Beaurepaire, Pont-Saint-Maxence, Chevrières, Jaux, Compiègne à 1h,28.

Vieux-Moulin, Pierrefonds, à 2h,2.

Gilocourt, Rocquemont, Borest, la forêt d'Ermenonville, Mortefontaine, Chennevières, Gonesse, le Bourget, à 3h,26.

Les fortifications sont passées à Pantin à 3h,32.

Porte Saint-Denis, les boulevards, le Louvre, la Concorde, Champs-Élysées, avenue du Bois de Boulogne,

Auteuil, le Vésinet, Chatou, Sartrouville. Retour à 4ʰ.8.

On le voit, le trajet n'a pas eu lieu suivant l'itinéraire le plus court. Jouant la difficulté, M. Clément a tenu à décrire un ample arc de cercle sur Paris, allongeant ainsi singulièrement le parcours.

La distance développée atteint 200 kilomètres, franchis en 4ʰ,53. C'est le record français des voyages en

M. Louis Capazza, pilote des autoballons Clément-Bayard.

circuit fermé. La vitesse moyenne fut d'environ 50 kilomètres à l'heure. Altitude moyenne de route : 200 mètres. Le vent soufflait d'Est-Sud-Est à 20 kilomètres à l'heure. A titre de comparaison, M. Clément avait fait partir de Sartrouville, à 11ʰ,45, un petit sphérique monté par un de ses ingénieurs, M. Clerget. Après s'être maintenu à 500 mètres d'altitude moyenne, M. Clerget descendait à 3 heures à Autheuil (Eure), près de Louviers.

Le 20 novembre, M. A. Clément offrait l'hospitalité de son ballon à M. Viviani. ministre du Travail. M. Louis Capazza était à la direction et pilota désormais l'aéronat qu'il présenta à la mission russe chargée d'en négocier l'achat.

LES AUTOBALLONS *ZODIAC*

Le comte Henry de La Vaulx qui. depuis douze ans. a fourni un travail considérable en Aéronautique, et dont il serait superflu de dire qu'il n'hésite pas à payer de sa personne en toute occasion, a provoqué la fondation de la société *Zodiac*. Il en est le directeur technique. Administrateurs délégués : MM. Maurice Mallet et André Schelcher.

La Société *Zodiac* construit toutes sortes d'appareils aériens, plus légers ou plus lourds que l'air, — notamment des ballons automobiles *démontables*.

Le type 700 mètres cubes atteint une vitesse propre de 25 à 30 kilomètres à l'heure. Gonflé au gaz d'éclairage, il n'enlève que le pilote, mais peut être monté par deux personnes si on lui offre quelques mètres cubes d'hydrogène pur. La partie mécanique et tous les organes sont à ce point simplifiés qu'il est facile d'opérer le montage et l'appareillage rapidement, en trois heures ! De même, puisqu'il se démonte aussi facilement. le pilote le charge au besoin sur une charrette. en rase campagne. comme un simple ballon sphérique.

Le but de la Société Zodiac était. en effet. d'offrir à tout sportsman un appareil aérien dirigeable n'entraînant aucun frais dans son hangar, en période d'inaction, tels que ravitaillements de gaz, personnel, etc. Le prix en est relativement modique. Ces autoballons

Le *Clément-Bayard I*, au-dessus de la Madeleine.

seront sans doute aussi employés à la publicité. Je les vois très bien filant au-dessus des boulevards en faisant hurler leur sirène, leurs flancs exaltant la vertu de tel savoureux chocolat ou de la plus onctueuse sardine à l'huile.

L'enveloppe du modèle de la série en construction
est en coton très léger, enduite, à l'intérieur, d'un ver-
nis spécial. Dissymétrique, elle présente son gros bout
à l'avant. La poutre armée, en sapin rouge, mesure
12ᵐ,50 de longueur. Elle se monte et se démonte très
facilement en trois parties égales pouvant être char-
gées dans un fourgon de chemin de fer.

Un moteur Clerget 4 cylindres, pesant 100 kilo-

M. Maurice Mallet, ingénieur-constructeur de la Société *Zodiac*.

grammes pour 16 chevaux de puissance, actionne une
hélice à l'arrière.

A l'avant de la poutre armée est disposé le gouvernail de plongée. Le gouvernail de direction se trouve
à l'arrière, entre l'enveloppe et la poutre armée.

Empennage : une quille stabilisatrice entre le ballon

et la poutre armée, dans le prolongement du gouvernail de direction [1].

Ce modèle a effectué ses essais le 29 novembre 1908, monté par le comte Henry de La Vaulx, auquel il donna une entière satisfaction. La quantité de lest disponible atteignait 120 kilogrammes.

M. Henry de La Vaulx, pour qui l'aérostation est « la poésie du mouvement », s'élevait de nouveau, du parc

L'autoballon démontable *Zodiac I.*

de l'Aéro-Club de France, le 20 décembre. L'aéronat avait reçu 600 mètres cubes de gaz d'éclairage et 100 mètres cubes d'hydrogène pur. Le pilote, accompagné de M. Clerget, *disposait de 70 kilogrammes de lest*, d'une provision d'essence pour trois heures de voyage (15 litres), et de 10 litres d'eau dans le radiateur.

Le petit autoballon devait suivre un itinéraire annoncé à l'avance. Il remplit son programme avec le plus grand succès.

[1]. Dans les ballons *Zodiac* type 700 m³, un dispositif spécial remplace le ballonnet compensateur.

Dès le départ, le comte Henry de La Vaulx remontait allégrement le vent debout, se dirigeant vers Saint-Cloud. Il traversait la Seine à Boulogne, planait sur la Muette, Longchamp, et parvenait, après une demi-heure d'évolutions, au-dessus de Bagatelle où l'appareil allait être dégonflé et démonté.

Ces diverses opérations de l'atterrissage, du dégonflement au panneau de déchirure et du démontage, ont

Le *Zodiac I*, démonté et chargé sur un camion.

été exécutées au milieu d'une foule énorme, très intéressée, mais fort discrète. Tout cela ne demanda qu'une heure et demie de travail. Puis l'autoballon, métamorphosé en quelques colis très maniables, revint au parc sur une charrette. Le pliage fut vraiment aussi simple que celui d'un bon vieux sphérique.

Un nouveau succès date du 11 mars 1909.

Le comte Henry de La Vaulx, accompagné de M. Clerget, s'élevait du parc de l'Aéro-Club de France et se dirigeait, avec la plus grande aisance, vers le champ de courses d'Auteuil. Il ne tardait pas à planer au-dessus de la foule des joueurs qui, pour un temps, oublièrent leurs préoccupations. Une épreuve se courait, en effet, à ce moment même, et le docile aéronat accomplit un tour de piste à 60 mètres d'altitude, en surplombant parfois les chevaux concurrents. Puis, discrètement, le petit *Zodiac* s'éclipsa. Le comte Henry de La Vaulx revint au-dessus de son point de départ avant de mettre le cap sur le parc militaire de Chalais-Meudon, où il était d'ailleurs attendu. Il y atterrissait peu après.

Enfin, après avoir encore souvent prouvé sa souplesse et sa stabilité dans l'atmosphère parisienne, le petit *Zodiac* émerveillait les populations de Mâcon (31 mai 1909) et de Rouen (20 juin), piloté par M. Clerget.

Avec un tel appareil, économiquement gonflé au gaz d'éclairage, toujours prêt à appareiller, n'importe quel homme de sport peut goûter le charme de l'atmosphère à peu de frais, et aussi simplement que s'il s'agissait de l'ascension d'un ballon ordinaire.

Savez-vous comment les Anglais appellent ces *Zodiac* démontables et transportables?

Waistcoat pocket dirigible !

*
* *

Le *Zodiac II*, l'ancien ballon automobile *La Vaulx* 1906, muni d'un moteur Ader de 14-18 chevaux et dont la jauge a été portée de 700 à 1.000 mètres cubes, a été mis en ordre de marche à l'aérodrome que la Société *Zodiac* possède près de Saint-Cyr. Cet aérodrome comporte un vaste hangar éclairé à l'électricité, et peut offrir l'hospitalité à un aéronat de fort tonnage, même le ravitailler grâce à son usine d'hydrogène.

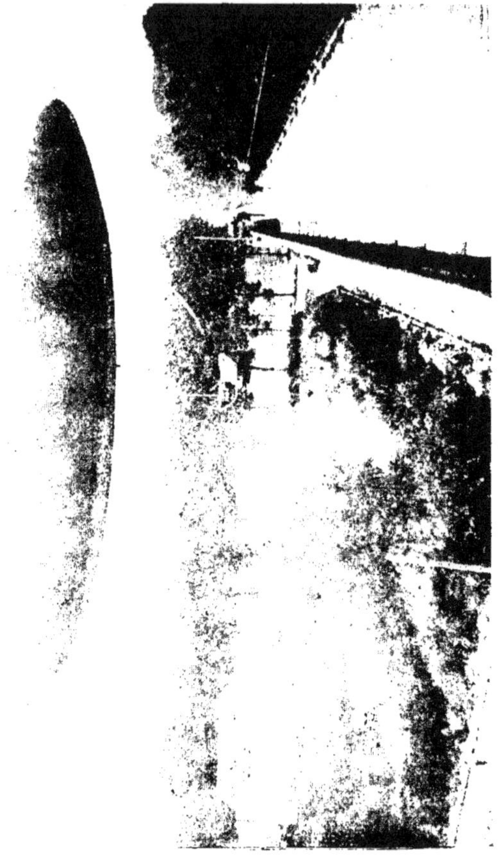

Le premier autoballon du comte Henry de La Vaulx (1906). Cet appareil, agrandi, est actuellement le *Zodiac II*.

Aujourd'hui, le *Zodiac II* a 36 mètres de longueur, 7 mètres de diamètre au maître-couple. Avant ces modifications, le comte Henry de La Vaulx l'a souvent monté à Saint-Cloud (juin et juillet 1906), puis à Sartrouville au cours de l'hiver 1906-1907. Il possédait déjà les qualités de souplesse et de démontage qui caractérisent les *Zodiac* actuels.

La Société termine la construction d'un ballon analogue de 1.400 mètres cubes, destiné au *Petit Journal*, et d'un petit *Zodiac* de 600 mètres cubes, attendu impatiemment par un sportsman hollandais.

LES AUTOBALLONS CARTON-LACHAMBRE ET LOUIS GODARD

M. Jacques Faure, l'un des aéronautes français les plus habiles et les plus audacieux, a piloté, en mars 1909, à Monte-Carlo, un ballon automobile construit par la maison Carton-Lachambre qui établit les *Santos-Dumont*.

L'aéronat de M. Jacques Faure avait comme système moto-propulseur un Buchet de 28 chevaux actionnant à l'avant une hélice métallique.

La première sortie eut lieu le 26 mars, dans la soirée. L'aéronat eut un très beau départ, et son pilote décrivit aisément et rapidement trois grands circuits dont le dernier amena l'autoballon à proximité du Musée océanographique, situé sur le rocher. M. Jacques Faure crut pouvoir franchir le rocher sans jet de lest, en manœuvrant simplement le gouvernail de profondeur et en faisant mettre toute l'avance à l'allumage. Mais il se trouvait un peu trop près de l'obstacle pour que cette manœuvre réussit. L'hélice heurta le faîte du Musée, et le choc tordait le propulseur, enfonçait l'avant de la poutre-armée. Immédiatement le mécanicien André arrêtait le moteur, et, sur l'invitation de M. Jacques Faure, se laissait tomber dans la mer, malgré son vêtement de cuir, mais muni d'une ceinture de kapok. Les deux hommes ont fait preuve de sang-froid.

Peu après, André était recueilli par l'autocanot de M. Léon Demanest, qui prenait le ballon à la remorque et l'amenait au rivage sans autre incident; il n'avait pas effleuré l'eau.

M. Louis Godard, ingénieur-constructeur de l'autoballon la *Belgique*.

La *Belgique*, l'autoballon de M. Robert Goldschmidt, est dû à M. Louis Godard; la construction des moteurs et de la partie mécanique a été confiée à la Société Vivinus, de Bruxelles.

La *Belgique* a les caractéristiques essentielles suivantes :

Jauge : 2.700 mètres cubes; longueur : 54^m,80; diamètre au fort : 9^m,75; maître-couple aux 2,5 vers l'avant; circonférence : 30^m,55; surface : 1.400 mètres carrés.

Depuis plusieurs années, M. Louis Godard a préconisé pour les autoballons l'emploi de deux moteurs et de deux propulseurs. Il écrivait dès 1904 : « Notre préférence porte sur l'emploi de deux moteurs et de deux hélices tournant en sens inverse, car, dans le cas d'avaries à un moteur ou à un propulseur, on aura toujours ainsi la ressource, quitte à ne faire que du 30 à 32 kilomètres à l'heure, *de pouvoir rentrer au port d'attache avec une hélice et un moteur*, au lieu d'être dans l'obligation d'aller, *au gré du vent, atterrir en pleine campagne.* »

M. Louis Godard a donc muni la *Belgique* de deux propulseurs travaillant l'un à l'avant, l'autre à l'arrière, mus par deux moteurs Vivinus de 60 chevaux chacun, indépendants.

La première expérience a eu lieu, malgré la pluie, le 28 juin 1909, à Boitsford, près de Bruxelles. Cette sortie inaugurale dans laquelle on n'utilisa qu'un seul des deux moteurs, dura 36 minutes. L'aéronat décrivit, à 300 mètres d'altitude, deux cercles de 4 kilomètres environ de diamètre, faisant preuve d'une stabilité et d'une tenue remarquables, et atterrissant d'une façon fort aisée, à 100 mètres du hangar.

Cette première expérience, très intéressante, était conduite par M. Louis Godard. Après tant de belles ascensions en sphérique, l'habile constructeur, l'un des membres les plus anciens de l'Aéro-Club de France, faisait ainsi un excellent début de pilote d'autoballon.

CHAPITRE III

LES AÉROPLANES

J'emprunterai ici, à *l'Aérophile* ([1]), sa formule exacte : *les faits, les documents, les chiffres*. Par les faits et les documents, j'ai tenté de résumer l'œuvre de l'Aéro-Club de France en Aérostatique. Nous procéderons de même en Aviation. Mais faisons intervenir les chiffres, sans plus tarder : j'entends les chiffres représentés par les encouragements pécuniaires offerts aux aviateurs. Ils sont éloquents.

Au 20 mai 1909, l'Aéro-Club de France avait remis aux aviateurs la somme de 94.500 francs, sans compter les médailles, plaquettes et objets d'art.

A la même date, les prix à décerner de l'Aéro-Club de France atteignaient le chiffre de 476.800 fr. Depuis, de nouveaux prix ont été fondés.

N'avais-je point raison d'affirmer que ces chiffres ont leur éloquence ?

Il faudrait encore ajouter à ces totaux respectables les multiples prix des ballons sphériques ([2]). Enfin, sur

[1] L'on ne saurait trop conseiller au lecteur de parcourir et de suivre cette intéressante revue technique de locomotion aérienne, bulletin officiel de l'Aéro-Club de France, que dirige remarquablement M. Georges Besançon, avec le concours intelligent et dévoué de M. Albert de Masfrand, secrétaire de la rédaction. Les bureaux de *l'Aérophile* se trouvent 63, Champs-Elysées, Paris. Téléphone : 666-21.

[2] Environ 70.000 francs.

la subvention gouvernementale (¹), l'Aéro-Club de France a réé, pour les autoballons, 10.000 francs de prix.

Sur cette même subvention, la Société eut la générosité d'accorder 10.000 francs à la Ligue Nationale aérienne pour la fondation d'une école de pilotes-aviateurs — à titre d'essai.

Passons aux faits et aux documents, c'est-à-dire aux performances de nos aviateurs et à la description des divers types d'aéroplanes. Mais, comme il serait difficile, sinon impossible, et tout au moins très délicat, de classer ces expérimentateurs et constructeurs par ordre de mérite, nous aurons recours à l'ordre alphabétique, qui ne saurait froisser personne.

LES AÉROPLANES ANTOINETTE

La Société Antoinette a construit six aéroplanes monoplans : l'*Antoinette I* (Ferber-Levavasseur), l'*Antoinette II* (Gastambide-Mengin), l'*Antoinette IV* (Hubert Latham), l'*Antoinette V* (René Demanest), l'*Antoinette-VI* (capitaine Burgeat), l'*Antoinette VII* (Hubert Latham).

La Société a également construit un biplan, le *Ferber IX* (*Antoinette-III*).

Après avoir fourni aux aviateurs de France le fameux moteur extra-léger qui permit leurs premiers succès, la Société Antoinette a abordé l'étude et la construction d'aéroplanes complets. A vrai dire, ce n'était là qu'un retour naturel à l'idée qui présida à sa création. C'est,

---

(¹) L'Aéro-Club de France doit cette subvention (43.000 fr.) à M. Louis Barthou, alors ministre des Travaux publics.

en effet, en vue d'une machine volante de son inven-
tion, essayée il y a plusieurs années, que M. Léon Le-

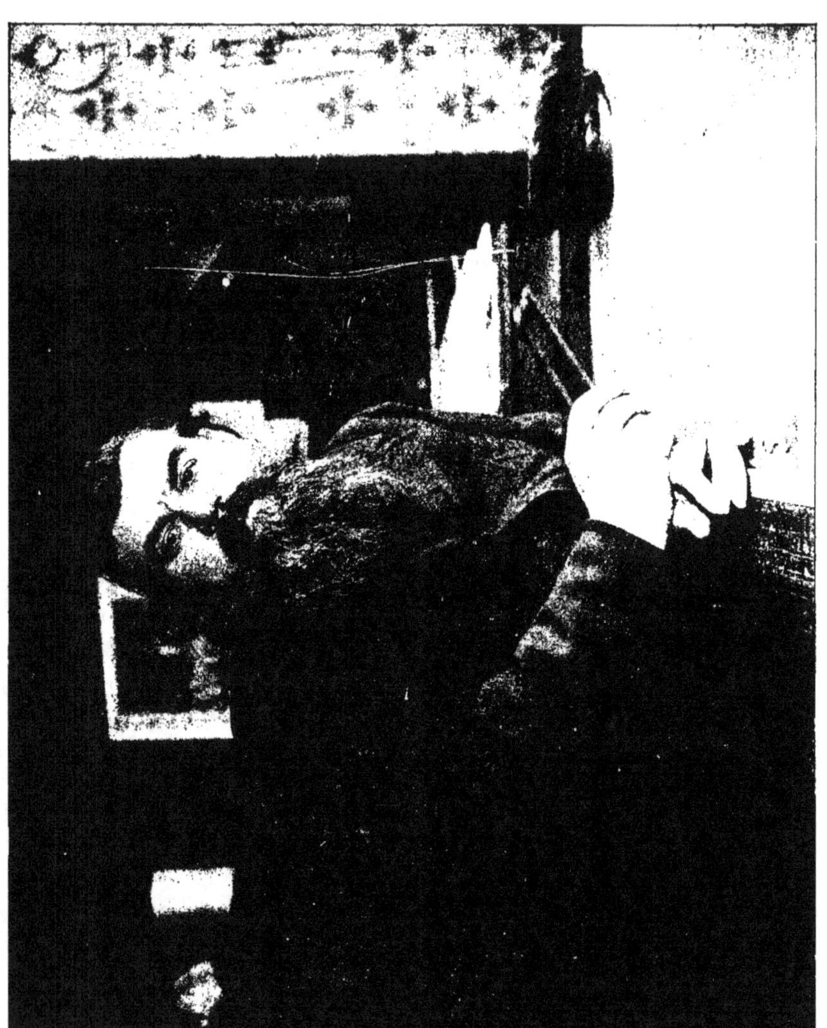

vavasseur, l'éminent ingénieur de la Société, inventa
et construisit le premier moteur *Antoinette*.

Après de sérieuses recherches préparatoires, des essais directs avec le *Gastambide-Mengin*, aéroplane d'études, les constructeurs de Puteaux se sont arrêtés au type d'aéroplane monoplan. Ils trouvent à ce type des avantages de simplicité de forme, de stabilité naturelle et un rendement meilleur, c'est-à-dire la faculté d'une puissance motrice moindre pour la progression dans l'air, sous les mêmes conditions de vitesse et de poids.

Les ailes symétriques, au nombre de deux, d'une forme trapézoïdale, à grande base contiguë au corps, sont relevées légèrement de façon à former un V largement ouvert en haut, de 12^m.80 d'envergure. Leur section présente un profil déterminé pour avoir le meilleur rendement; elles sont entoilées sur les deux faces. La surface de chacune est de 25 mètres carrés, leur angle d'attaque de 4°. Leur membrure est formée par un assemblage de fermes longitudinales et transversales, s'entrecroisant et triangulaires.

La Société est arrivée à fabriquer des ailes de 15 mètres carrés et 25 mètres carrés de surface, ne pesant que 25 à 30 kilogrammes sans la toile, soit 1 kilogramme le mètre carré.

Dans cette construction basée sur le triangle et la pyramide, les matériaux ne travaillent qu'à la traction et à la compression, sans qu'il puisse y avoir flambement. C'est le principe même de la construction des ponts métalliques et de la tour Eiffel. Son application à la construction des ailes d'aéroplane a permis d'obtenir une rigidité et une solidité absolues, alliées à la plus grande légèreté possible.

Le *corps* a la forme d'une coque à section transversale triangulaire, son avant se termine par une étrave pour fendre l'air, et son arrière va en s'amincissant progressivement.

Le principe de la construction est le même que celui des ailes.

Le corps et les ailes sont recouverts d'une toile plusieurs fois vernie et poncée, ce qui donne un poli remarquable, un coefficient de frottement très faible.

L'extrémité postérieure du corps porte des empennages horizontaux et verticaux formant la *queue*. En plus, il existe un

gouvernail de profondeur en deux segments, et un gouvernail
de direction, placés, l'un en prolongement de l'empennage
horizontal, l'autre en prolongement de l'empennage vertical.

Les empennages de la queue, les gouvernails placés à l'arrière,
ont une efficacité considérable à cause de leur grande distance
du centre de gravité. Par leur position à l'arrière, ils assurent la

Vol de M. René Demanest, au camp de Châlons.

stabilité de l'appareil, car il y a intérêt à placer toute résistance
à la pénétration à l'arrière pour que l'appareil s'oriente suivant
sa trajectoire ainsi qu'une flèche plombée à l'avant et empennée
à l'arrière ».

Pour assurer la stabilité transversale, soit dans les virages,
soit dans les coups de vent, deux ailerons sont articulés à
l'arrière des ailes et à leur extrémité; ils se trouvent, au repos,
dans le prolongement des ailes.

Ils sont reliés entre eux par une commande qui abaisse l'un

quand l'autre se lève, et peuvent pivoter autour de leur axe, jusqu'à devenir perpendiculaires aux ailes. Cet ensemble produit le même effet que le gauchissement.

Les commandes assurant la direction et la stabilité sont sous la main du pilote. Un volant est placé à droite, commandant le gouvernail de profondeur; deux autres volants, placés à gauche, commandent les ailerons et le gouvernail de direction. Ils peuvent être manœuvrés ensemble ou isolément par la même main, et l'on peut laisser glisser la main sur l'un pour le reprendre vers la fin de la manœuvre. Ce système, ingénieux et pratique, permet toutes les combinaisons de mouvements, facilite la direction. Ces deux mouvements simultanés sont nécessaires pour exécuter les virages et combattre les coups de vent [1].

Deux manettes placées en avant servent à régler l'avance à l'allumage et la carburation.

Un interrupteur à pédale permet d'interrompre momentanément la marche du moteur, et enfin un deuxième interrupteur, fixé à la main, permet au pilote d'arrêter complètement le moteur.

Le monoplan est supporté par un patin, deux béquilles et une crosse placée sous la queue.

Le patin se compose de deux longerons réunis par des entretoises transversales servant d'axes pour des roues ou galets montés sur billes.

Ce patin, placé au-dessous du corps, le dépasse à l'avant de plus d'un mètre, protégeant ainsi l'hélice contre tout choc à l'atterrissage.

Il supporte le corps au moyen de deux amortisseurs placés l'un au-dessous du centre de gravité, l'autre à l'avant.

Les béquilles, sous les ailes, en leur milieu, protègent les plans du contact du sol : elles servent aussi de poinçons pour haubanner, et de soutien pour l'aéroplane, en l'empêchant de basculer et en limitant tout mouvement transversal.

La crosse protège la queue et limite les oscillations longitudinales au départ et à l'atterrissage.

L'appareil est protégé par les béquilles, pour toute inclinaison transversale inférieure à 45°, angle absolument en dehors des conditions ordinaires de vol. Le patin présente les mêmes avantages et permet l'atterrissage jusqu'à une incidence de 45°.

[1] Cependant, dans l'*Antoinette VII*, le gauchissement a remplacé les ailerons.

Au départ, jusqu'à la vitesse suffisante permettant au conducteur de s'équilibrer sur l'air, les patins, les béquilles et la crosse,
soutiennent l'aéroplane. La vitesse s'accroissant, la crosse quitte
d'abord le sol, les béquilles perdent successivement contact
après quelques oscillations transversales, et, la vitesse augmen-
tant toujours, l'appareil s'allège et se stabilise progressivement,

M. Hubert Latham à bord de l'*Antoinette IV*.

ne reposant plus que sur le galet situé au-dessous du centre de
gravité. La pression sur le sol va toujours en diminuant à
mesure que la vitesse s'accélère. Au moment où cette pression
devient nulle, le volateur quitte le sol sans transition.

Le système moteur se compose d'un groupe moto-propulseur
Antoinette, placé à l'avant du corps et très facilement démontable.
Ce groupe comporte un moteur de 50 chevaux et une hélice mé-
tallique à deux branches.

Le radiateur, plutôt radio-condenseur, est mis en communication avec le haut du réservoir qui contient la vapeur. Cette vapeur vient se liquéfier dans le radio-condenseur. L'eau condensée est immédiatement envoyée dans le réservoir.

Le propulseur placé en avant est une hélice *Antoinette* à deux branches, d'une construction légère et robuste : bras en tubes d'acier, et pales en aluminium rivées sur un épanoui du bras. L'hélice est en prise directe sur l'arbre du moteur, sans embrayage et sans changement de vitesse. Son pas est de $1^m,30$: elle tourne à 1.100 tours, régime normal. Diamètre : $2^m,20$.

On peut changer l'orientation des ailes et modifier ainsi le pas de l'hélice, ce qui est, en certains cas, très précieux pour reconnaître le pas d'hélice convenant le mieux.

Les expériences de mise au point sont exécutées par M. Welferinger, connu par un brillant apprentissage de pilote-aviateur, en 1908, à bord de l'aéroplane *Gastambide-Mengin*.

Les précautions les plus heureuses ont été prises pour la commodité et la sécurité du pilote. L'emplacement de son poste a été déterminé avec beaucoup de soin derrière les ailes, à une assez grande distance de l'hélice et du moteur. Il est assis dans une nacelle capitonnée, placée à l'intérieur du corps, à l'abri de tout choc et de toute projection. L'avant de la nacelle est matelassé et cuirassé, pour le protéger entièrement, et il peut s'abriter derrière cette cuirasse.

* * *

Hormis l'*Antoinette I*, tous les aéroplanes de la Société ont été expérimentés.

L'*Antoinette II* appartenant à deux membres du conseil d'administration de la Société Antoinette, MM. R. Gastambide et A. Mengin, accomplit son premier vol le 8 février 1908, sur la pelouse de Bagatelle.

Monté par le mécanicien Boyer, il s'envola très vite, après un parcours au sol de 30 mètres au maximum. Il gagna une altitude de 5 mètres, parcourut dans l'atmosphère une égale distance, mais, soudain, se cabra, par excès d'incidence très probablement. La position de l'aéroplane était donc devenue très dangereuse, mais le mécanicien eut l'heureuse idée de couper l'allumage. L'aéroplane vint rapidement au sol, trop

Un vol de M. Hubert Latham au camp de Châlons.

rapidement pour son hélice qui fut brisée, ainsi que le châssis.

Réparé et pourvu d'un gouvernail de plongée, l'aéroplane fut confié à M. Eugène Welferinger, chef du bureau des études de la Société. Le 20 août 1908, M. Welferinger, accompagné de M. Gastambide, effectuait à Issy-les-Moulineaux un vol d'une centaine de mètres. L'*Antoinette II* devenait, de ce fait, le premier monoplan qui se soit élevé avec deux aviateurs à bord. Le vol aurait pu être prolongé ; mais le passager, logé dans un espace étroit, avec une des pointes du réservoir d'essence à quelques millimètres du visage, risquait d'être blessé dans un atterrissage un peu dur.

Le 21 août, le *Gastambide-Mengin* réussissait un vol de 1^{km}, 36^m, au cours duquel il décrivait une boucle entièrement fermée, et revenait atterrir près de son hangar après avoir franchi, à une dizaine de mètres de hauteur, dans son trajet de retour, le *Ferber IX* au repos sur le champ de manœuvres.

Malgré ces succès, le *Gastambide-Mengin* ne reprit pas l'atmosphère. Rapidement établi, soumis à un travail intensif, il ne présentait plus une rigidité de construction suffisante, pouvait devenir dangereux pour l'expérimentateur.

.·.

L'*Antoinette III Ferber IX* fut un biplan à armature en bambou ligaturé, dans lequel les deux surfaces, vues en projection horizontale, affectaient la forme d'un segment de couronne, et dont les bords antérieurs et postérieurs décrivaient, par suite, un arc de cercle ouvert vers l'arrière de l'appareil. Le capitaine Ferber estimait cette forme nouvelle plus propre à assurer la stabilité de route. Les surfaces étaient tendues de toile sur des nervures de bois ; mais toute la membrure de la cellule biplane se constituait par des tiges de bambou assemblées souplement par ligatures : un dispositif spécial permettait un gauchissement et une torsion des ailes, analogues à ce qui a lieu dans le type Wright.

En avant, un gouvernail de profondeur; en arrière, une surface horizontale de stabilisation, surmontée d'une quille fixe verticale.

Aux extrémités latérales de la surface inférieure, des surfaces annexes, petits focs triangulaires mobiles, servent de stabilisateurs.

Au niveau de la surface inférieure et lui donnant

Vol du *Ferber IX*, à Issy-les-Moulineaux.

insertion, le corps dans lequel se plaçait l'aviateur, ayant devant lui le moteur, un *Antoinette* 50 chevaux 8 cylindres, actionnant une hélice *Antoinette* de 2m,20 de diamètre et 1m,10 de pas, tournant en avant des surfaces portantes et du moteur.

L'appareil était supporté par deux roues garnies de pneus, placées en tandem sous le corps. Pour le départ et l'atterrissage, l'aéroplane roulait sur ces deux roues jusqu'à l'essor ou jusqu'à l'arrêt, tandis que des patins-béquilles, placés sous la surface inférieure, lui permettaient de partir ou de se reposer incliné sur une aile, et

préservaient les plans de tout contact fâcheux contre
le sol, à l'envol et à la descente.

Le poids total était de 400 kilogrammes ; la surface,
de 40 mètres carrés ; l'envergure, de 10^m,50. L'aéroplane s'allégeait vers 40 kilomètres de vitesse à
l'heure.

Les premiers essais prouvèrent une stabilité satisfaisante en plein vol. Le 25 juillet 1908, le savant officier
réussissait un vol de 300 mètres, à la veille d'être rap-
pelé à l'activité. Mais, avant de gagner son poste, à
Brest, il confia son aéroplane à M. Legagneux, mécanicien courageux et habile.

Le 19 août, M. Legagneux couvrit 250 mètres en
25″3 5, et continua ses expériences jusqu'au 19 septembre. Ce jour-là, malheureusement, après un parcours de 500 mètres environ, l'appareil revint brutalement au sol où il se brisa.

*
* *

Les essais de mise au point de l'*Antoinette IV*, piloté
par M. Welferinger, se poursuivirent rapidement et
avec un brillant succès, à Issy-les-Moulineaux. Le
16 novembre 1908, traversée du champ de manœuvres
600 à 700 mètres , à 6 mètres de hauteur. Le 17 novembre, cinq vols de 200 à 300 mètres. Le 18 novembre, après avoir traversé le champ de manœuvres
à 3 mètres de hauteur, M. Welferinger, pour éviter de
blesser deux gardes municipaux, s'éleva d'un coup de
barre à 6 mètres et vint atterrir assez durement dans
la partie du terrain où se trouvait le hangar Malécot.
Avaries légères réparées le soir même. Le 26 décembre,
vol de 1 kilomètre en circuit fermé.

L'*Antoinette IV* est actuellement monté par M. Hubert Latham.

M. Hubert Latham a remporté des succès éclatants au camp de Châlons. Ce jeune sportsman, dont la bravoure suscite l'admiration générale, accomplit de longues randonnées en rase campagne, à une altitude atteignant parfois 80 mètres. Il termine les vols en arrêtant le moteur à belle hauteur, en regagnant le sol en de longs et onduleux vols planés. A bord de son monoplan, il possède le flegme d'un vieux conducteur d'automobiles. On l'a vu, non sans surprise, lâcher les volants et allumer des cigarettes durant son essor fulgurant ! En outre, M. Hubert Latham a pu prendre des passagers. Sa plus belle performance, qu'il effectua seul, a une durée de $1^h,7^{min},37^{sec}$ (5 juin 1909).

M. Hubert Latham a tenté, le 19 juillet 1909, la traversée de la Manche en aéroplane. Elevé de Sangatte, près Calais, l'aviateur, par suite du ralentissement du moteur, dut se poser sur la mer après un parcours de 18 kilomètres environ. Il fut recueilli par le torpilleur le *Harpon*, qui le convoyait.

Nouvelle tentative, le 27 juillet, à bord de l'*Antoinette VII*, et nouvelle panne de moteur [1]. M. Hubert Latham n'était qu'à 2 milles de la côte anglaise, en vue de Douvres, lorsque son vol fut interrompu !

.·.

L'*Antoinette V*, appartenant à M. René Demanest, administrateur de la Société, fut d'abord piloté par M. Welferinger, au camp de Châlons. L'aviateur, en

[1] Ou rupture d'une commande de gauchissement.

février 1909), exécuta plusieurs vols variant entre 3 et 5 kilomètres. Le 25 février, l'aéroplane se cabre et atterrit violemment. En avril, M. René Demanest le pilote lui-même et, le 9, remporte l'un des prix dits « de 250 mètres », fondés par l'Aéro-Club de France.

Ainsi que M. René Demanest, le capitaine Burgeat poursuit sur le même terrain d'expériences, et à bord de son aéroplane *Antoinette VI*, son apprentissage du « métier d'oiseau ». L'on doit sincèrement souhaiter aux auteurs et aux expérimentateurs de ces machines volantes remarquablement créées le succès que mérite si bien leur travail patient et délicat.

LES MONOPLANS BLÉRIOT

M. Louis Blériot travaille d'arrache-pied, si ce terme peut être employé en aviation. Souvent, trop souvent, il a subi les déboires, les déceptions d'un sport encore ingrat. Il a du moins pu se rendre compte de l'importance de son rôle et s'assurer de la vive sympathie que son effort provoqua.

M. Louis Blériot, peu à peu, a acquis l'expérience qu'exige, pour sa réalisation, la stabilité latérale et longitudinale, difficulté principale qu'ont à vaincre les expérimentateurs d'aéroplanes. Aéronautes et aviateurs se plaisent à reconnaître que sa longue malechance ne pouvait être vaincue que par les qualités dont il importe de le louer, et qui se peuvent ainsi résumer : intelligence, ténacité et sang-froid. Au point de vue matériel, M. Louis Blériot a fait des sacrifices considérables pour la plus grande gloire de l'Aviation. En retour, l'Aviation, pendant longtemps, ne s'est guère montrée à lui que sous son aspect le plus maussade. Sans doute était-ce pour faire apprécier plus vivement par M. Louis Blériot les joies profondes qu'elle réservait à son fidèle sigisbée.

Avant de passer aux prouesses accomplies par

M. Louis Blériot.

M. Louis Blériot, décrivons ses deux derniers appareils :

Le monoplan *Blériot XI* a un encombrement transversal minime : 7^m,80 d'envergure pour 14 mètres carrés de surface portante ; il est muni d'un moteur Anzani 3 cylindres 22-25 chevaux, qui ne pèse que 60 kilogrammes en ordre de marche, actionnant une hélice intégrale Chauvière de 2^m,10 de diamètre ; l'aéro-

plane complet, avec son pilote et deux heures d'essence,
n'atteint que 300 kilogrammes. Dans ces conditions,
il élève, soutient et transporte, à 55 kilomètres à l'heure,
une charge de près de 22 kilogrammes par mètre carré.

Hélice flexible Louis Blériot.

La stabilité transversale est obtenue par le gauchissement des ailes.

Le monoplan *Blériot XII*, sous 9 mètres d'envergure
seulement et avec une surface portante qui ne dépasse
pas 22 mètres carrés, ne pèse, sans aviateur et sans essence, mais avec l'eau, que 350 kilogrammes. Il est muni

d'un moteur ENV 30-35 chevaux, qui actionne une hélice intégrale Chauvière, exerçant un effort de traction de 75 à 80 kilogrammes. Lorsque le *Blériot XII* volait le 12 juin, en emportant Louis Blériot, Santos-Dumont, André Fournier, et 16 kilogrammes d'essence, le poids total pouvait s'estimer à 560 kilogrammes. Le poids utile atteignait donc 210 kilogrammes — mettons 200 kilogrammes — transportés à 60 kilomètres à l'heure par un appareil ne pesant, nu, que 350 kilogrammes. L'essor se produisait à 55 kilomètres à l'heure, sous une charge de 25 kilogrammes par mètre carré.

Les ailes sont rigides. La stabilité transversale est obtenue par l'emploi d'ailerons équilibreurs.

* *

Le 18 juin 1909, le *Blériot XI* franchissait 4 kilomètres à Issy-les-Moulineaux. Le 25, toujours à Issy, il tenait l'atmosphère pendant 15′ 30″, et, le lendemain, pendant 36′55″3/5. Le 4 juillet, à Port-Aviation, il évolue admirablement (durée : 50′8″; altitude maxima : 40 mètres).

Suffisamment entraîné, M. Louis Blériot tente, le 13 juillet, le prix du voyage de l'Aéro-Club de France, qu'il remporte par une magnifique envolée à travers champs.

M. Alfred Leblanc, l'un des commissaires désignés par l'Aéro-Club de France pour le contrôle de ce prix, en a raconté les détails :

Nous avions couché à Toury, et la veille au soir, dans un champ, sur la route d'Orléans à Paris par Étampes et à 5 kilomètres environ de cette dernière ville, avions transporté le monoplan. On l'avait simplement appuyé le long d'une meule, sous des bâches. Le matin en arrivant, vers les quatre heures et demie, il était prêt à prendre l'atmosphère dès notre descente d'automobile.

Avant de quitter le sol, Louis Blériot m'annonça son intention d'atterrir en cours de route. Puis il partit au premier signal, s'enlevant après 50 mètres de lancée.

Je le suivais en automobile, mais il fallait marcher vite, car il atteignait, à peu de chose près, du 60 kilomètres à l'heure. Exactement le départ eut lieu à quatre heures quarante-quatre mi-

Une excursion de M. Louis Blériot.

nutes, à 500 mètres de l'endroit dit Mondésir, près d'Ormoy-la-Rivière. Blériot fut rapidement à 30 mètres d'altitude; il avait repéré d'avance sa position. Il passa successivement à gauche de Monnerville et d'Angerville, traversa ensuite la voie du chemin de fer au moment où un train passait sous lui. Il volait déjà depuis seize minutes quand il fit l'escale annoncée près d'Arbouville pour voir si tout fonctionnait bien à bord. Onze minutes d'arrêt, puis l'hélice est remise en mouvement, et à cinq heures onze, notre aviateur repart. Il passe à droite de Toury à cinq heures vingt, où on l'acclame; il traverse les arbres, les fils télégraphiques, la ligne du chemin de fer de Toury à Voves; il laisse à droite Château-Gaillard, à droite aussi Artenay, puis, continuant tout droit, croise plus loin la route d'Orléans avant la Croix-Briquet, traverse encore le chemin de fer, et, après un demi-cercle majestueux, vient atterrir à cinq heures quarante minutes entre la Croix-Briquet et Chevilly, à 100 mètres de l'endroit indiqué où se tenait le second commissaire de l'épreuve, M. André Fournier. M. Louis Blériot avait atterri dans le champ désigné par lui avant son départ, près de la borne kilométrique indiquant Orléans à 13 kilomètres. A vol d'oiseau la distance représente 41^{km},200. Par conséquent toutes les conditions étaient remplies, le prix du voyage était gagné.

Le *Blériot XI* au-dessus du rapide, près d'Artenay.

Quelques jours après, M. Louis Blériot se rendait aux Baraques, hameau situé entre Calais et Sangatte. Le 25 juillet, il se lançait au-dessus de la Manche, dont il réussissait la traversée en trente-huit minutes environ. Largeur du détroit, *à vol d'oiseau*, entre Calais et Douvres : 38 kilomètres.

Voici le compte rendu de la prouesse qui a soulevé l'enthousiasme du monde entier :

L'appareil, sorti de la ferme Grignon, est conduit dans la plaine de l'Artillerie, où M. Blériot décide de faire un essai de contrôle. La provision d'huile et d'essence vérifiée, l'aviateur constate avec plaisir, dans un vol préliminaire. qu'une hélice nouvellement adaptée tire à la perfection.

Pour se conformer au règlement du *Daily Mail*, M. Blériot est obligé cependant d'attendre le lever du soleil. C'est M. Leblanc, qui, du haut de la dune, indiquera, à l'aide d'un drapeau, l'apparition de Phébus à l'horizon. Le signal est donné. M. Blériot s'élance et pique droit devant lui, tandis que les acclamations retentissent et que les 2.000 ou 3.000 personnes qui, de minute en minute, sont accourues de Calais et de Sangatte, le saluent de hourras frénétiques.

De mètre en mètre, M. Blériot s'élève et le voilà maintenant au-dessus des falaises crayeuses qui bordent de gris la ligne bleue des eaux marines. Le contre-torpilleur *Escopette*, qui lui sert d'escorte, l'aperçoit dans les airs à 80 mètres de hauteur environ, dans un équilibre parfait. Un ordre est donné qui met l'*Escopette* en route. Mais l'oiseau léger a fait dans le ciel un « à-droite » pour éviter les volutes de fumée noire du contre-torpilleur, et peu à peu il accélère son vol superbe. En vain le commandant fait-il accélérer la vitesse de son navire. M. Blériot, sûr de son appareil et de lui-même, avec une stabilité merveilleuse, une rapidité et une régularité admirables, fuit à travers l'espace. Bientôt il est sans guide, et l'*Escopette* elle-même, très loin en arrière, n'est plus visible pour lui. Tout en bas, le seul moutonnement des vagues, le seul balancement des flots: pas un bateau, pas le moindre point de repère: à regarder la mer, M. Blériot sent sa vue s'obscurcir légèrement: il repose un moment ses yeux sur le distributeur d'huile et le niveau de consommation d'essence.

Mais la brume lointaine, sous les rayons du soleil levant, s'éclaircit: tout au fond, une ligne apparaît, à la fois distincte des eaux et du ciel: la côte anglaise! M. Blériot l'ignore; d'instinct il dirige cependant son vol vers elle. Trois bateaux sont là sous le grand oiseau qui plane

M. Blériot entend des cris. voit des bras se tendre vers lui : les bateaux paraissent se diriger vers un point, qui est plus haut et plus à droite sur l'horizon que l'endroit préjugé par l'aviateur. Un coup de barre et le monoplan est dans la direction donnée par les navires. Peu après Douvres apparaît, et le château, et le port vers lequel croise l'escadre anglaise de l'Atlantique. M. Blériot atterrira dans quelques secondes. Mais des remous de vent surviennent contre lesquels il est obligé de se protéger par des à-gauche et des à-droite successifs. Il ne lui suffit plus bientôt de

louvoyer : des hauteurs de 60 à 70 mètres où il se maintenait,
M. Blériot doit gagner 100 et 120 mètres d'altitude, filer le long
de la falaise anglaise, retourner vers la mer dans une boucle
audacieuse et dangereuse à la fois, revenir en arrière, remonter
la falaise jusqu'au-dessus du port et gagner Shakespeare-Cliff.
C'est là qu'il compte laisser retomber les ailes de son oiseau et
prendre terre.

Tout à coup M. Blériot entend un appel sauvage, parti d'un
vallonnement voisin de la côte, le creux de Folcland. Un homme
est là, qui du milieu d'un pré vert, agite un drapeau tricolore;
vers lui M. Blériot dirige tout de suite son vol, et malgré les
coups de vent, après un grand cercle hâtivement décrit, il vient
s'abattre sur le gazon [1].

Le voyage en Angleterre de M. Louis Blériot —
l'aviateur se rendit à Londres où le *Daily Mail* lui
remit le prix qu'il venait de gagner : 25.000 francs —
fut un véritable triomphe. Des félicitations plus cha-
leureuses encore l'attendaient au pays natal, surtout à
l'Aéro-Club de France qui organisa une réception présidée par MM. Louis Barthou, ministre de la Justice, et
Millerand, ministre des Travaux publics 31 juillet [2].
A cette fête étaient également invités les autres légion-
naires de la promotion de l'Aéronautique. Cette promotion comprenait une croix d'officier : M. Léon Bollée,
et huit croix de chevaliers : MM. Louis Blériot, Gabriel
Voisin, Léon Delagrange, Léon Levavasseur, Ernest
Archdeacon, Victor Tatin, Maurice Mallet, Rodolphe
Soreau.

Au titre étranger, deux croix d'officier : MM. Santos-Dumont et Hart O. Berg, et trois croix de chevalier : MM. Wilbur Wright, Orville Wright, Henri Farman. Tous sont membres de l'Aéro-Club de France.

Quelques jours après, M. Édouard Surcouf était compris dans une promotion du ministère de la Guerre.

Avant de quitter les Travaux publics, M. Louis Barthou, nouveau garde des sceaux, avait tenu à établir lui-même ce tableau d'honneur d'une science nouvelle et d'un sport inouï.

*
* *

À bord de son douzième aéroplane, M. Louis Blériot a exécuté le voyage Toury-Château-Gaillard (31 mai 1909), enlevé plusieurs passagers à Issy-les-Moulineaux, notamment MM. Santos-Dumont et André Fournier, ensemble, le 12 juin. M. Louis Blériot prenait ensuite part au concours de Douai où il remportait la plupart des prix, et se signalait par un vol au-dessus de la ville et un parcours de 47^{km}.277 en 47′ 17″ le 3 juillet.

*
* *

Outre le record glorieux du pas de Calais, M. Louis Blériot possède donc le record des voyages en rase campagne. Il a eu l'honneur d'exécuter le premier voyage par escales et de revenir à son point de départ (*Blériot VIII ter*, 31 octobre 1908), quelques heures après le premier voyage de ville à ville, Louvercy-Reims, mené à bien par Henri Farman.

Dans la matinée, parti vers le village de Senonville. M. Louis Blériot virait au-dessus d'un petit bois et revenait sans incidents, en quatre ou cinq minutes, à son point de départ (essai effectué à une hauteur de 15 mètres).

L'après-midi, l'aviateur reprenait l'atmosphère, se dirigeant vers Artenay, située à 12 kilomètres du hangar, et où on avait fait placer des ballonnets pour indiquer le virage.

M. Louis Blériot passe près de Toury.

L'aéroplane, volant à une douzaine de mètres au-dessus du sol, fila sur le village de Château-Gaillard, vers le sud, continua vers Dameron, lâchant les autos lancées à sa poursuite. En onze minutes, il était déjà au sud d'Artenay, lorsqu'à 800 mètres du château d'Avilliers une panne de magnéto l'obligeait à l'escale. L'aviateur répare et, 1ʰ,30 après, repart par ses propres moyens. Il se tient cette fois plus à l'ouest, passe à Pourpry et fait une deuxième escale à la ferme de Villiers, près Santilly. Au bout de quelques minutes, l'aéroplane reprend son vol, repasse à Pourville, et, à cinq heures, atterrissait, avec une aisance parfaite, au Champ-Perdu, son point de départ, ayant terminé l'ample circuit qu'il s'était assigné : le premier voyage géographique par escales. En même temps, M. Blériot démontrait à nouveau qu'il possédait l'appareil aérien automobile le plus rapide du monde. Vitesse moyenne : 80 kilomètres à l'heure [1].

M. Louis Blériot, à force de travail et de persévérance — il commença ses études aéronautiques en 1900 — a créé deux engins aériens mécaniques obéissants et stables, et passe de l'un à l'autre avec une indiscutable maîtrise, encore que les organes stabilisateurs de celui-ci soient différents de celui-là. Auparavant il a brisé de nombreux appareils: il a fait des chutes nombreuses et sérieuses. Mais il triomphe aujourd'hui. Ce n'est que justice.

LES BIPLANS HENRI FARMAN

M. Henri Farman, dont nous résumerons les premières performances dans le chapitre consacré aux biplans Voisin, est aujourd'hui son propre constructeur et forme même des élèves. Il a établi, dans son hangar du camp de Châlons, un biplan de 8 mètres d'envergure, pour $5^m,50$ de profondeur. Cellule arrière de 2 mètres de profondeur et de 3 mètres de large, conte-

[1] Le Conseil municipal de Toury décida d'ouvrir une souscription publique pour qu'une pierre commémorative soit érigée sur le bord de la route de Toury à Orléans, à l'endroit où M. Louis Blériot quitta terre dans son circuit du 31 octobre 1908. Ce monument a été inauguré le 30 mai 1909.

nant le gouvernail de profondeur et faisant office de
gouvernail de direction.

A l'extrémité des plans se trouvent quatre ailerons
stabilisateurs.

A l'avant, un moteur Vivinus de 35 chevaux, à

M. Henri Farman.

1.000 tours, actionnant une hélice de $2^m.10$ de diamètre et de $1^m,50$ de pas.

L'appareil, qui pèse 320 kilogrammes, monté, repose
sur un châssis mixte : patins et roulettes. Les commandes sont réunies à un seul volant.

Les premiers vols datent d'avril 1909. Après la mise
au point, les expériences sont régulièrement poursuivies. Les appareils sont montés soit par M. Henri Far-

man, soit par ses élèves, MM. Cockburn et Roger Sommer.

Principaux résultats :

28 juin 1909. — Vol de 21 minutes par M. Henri Farman.

4 juillet. — Plusieurs vols en circuit fermé, par M. Roger Sommer.

17 juillet. — Vol de 30 minutes par M. Roger Sommer.

18 juillet. — Vol de longue durée par M. Sommer.

19 juillet. — Vol de longue durée par M. Henri Farman.

20 juillet. — Vol de M. Henri Farman, accompagné de M. Cockburn, et vol de 15 minutes par M. Sommer.

LES MONOPLANS *REP*

Les volateurs à plans superposés, les appareils de Chanute et Wright, furent aussi rapidement rejetés par M. Robert Esnault-Pelterie que par M. Louis Blériot. M. Robert Esnault-Pelterie est un autre disciple de Pénaud. On lui doit non seulement un oiseau artificiel absolument original, mais encore un moteur léger.

Voici la sommaire description du 30 chevaux 7 cylindres qu'il employa jusqu'à ce jour, encore qu'il construise des 20 chevaux 5 cylindres, 40 chevaux 10 cylindres, 60 chevaux 14 cylindres. Les cylindres sont disposés en éventail en deux groupes, trois et quatre, travaillant sur deux manetons. L'on ne remarque qu'une seule came. En ordre de marche, le moteur pèse 52 kilogrammes, soit à peu près 1.750 grammes

par cheval. En ajoutant les accus, la bobine, voire
l'hélice, il ne dépasse pas 60 kilogrammes (refroidisse-
ment par ailettes). Son créateur lui donne le nom —
REP — formé par ses initiales: il se targue d'avoir
obtenu un moteur léger, non un moteur allégé,

M. Robert Esnault-Pelterie à bord de l'un de ses monoplans.

en ne laissant la matière que là où elle est nécessaire.

Le *Rep II bis* représente le type actuel de la série.

Ses caractéristiques sont : *Aéroplane monoplan* à une paire
d'ailes *souples*, *gauchissables* au moyen de quatre haubans sous-
tendeurs. Surface arrière portante faisant l'office de gouvernail
de profondeur. — Empennage stabilisateur. — Train porteur
composé de deux roues en tandem, sous le corps, et d'une roue
légère à l'extrémité de chaque aile. Suspension oléo-pneuma-
tique de la principale roue porteuse, ou roue d'atterrissage. Châssis en tubes d'acier réunis par raccords à la soudure autogène.
— Commandes par deux leviers.

Cet appareil se fait remarquer par : ses dimensions réduites : 9^m,60 d'envergure et 8 mètres de long ; l'excellence de ses surfaces portantes : 420 kilogrammes pour 15^{m2},175, soit 26^{kg},600 par mètre carré : la résistance à l'avancement réduite au minimum ; sa construction vraiment mécanique.

Le corps, fusiforme, est constitué par un châssis en tubes d'acier, raccordés par soudure autogène, et triangulés, de telle sorte qu'il soit indéformable en tous sens.

La plus grande qualité d'un aéroplane, et qui en résume beaucoup d'autres, est le rapport du poids transporté aux dimensions de cet aéroplane. Elle se résume dans l'emploi de la surface la plus parfaite.

Les ailes du monoplan *Rep*, de 9^m,60 d'envergure, corps compris, construites sur les données de longues expériences, sont, à ce point de vue, absolument remarquables.

Chaque aile est reliée à la partie inférieure du châssis par deux haubans qui portent chacun le quart du poids et commandent le gauchissement.

Le gouvernail de profondeur est constitué par la surface profilée, à incidence variable, terminant l'appareil.

Le gouvernail vertical, équilibré, est placé sous l'extrémité arrière du châssis : dans sa position neutre, il offre, avec la surface tendue verticalement au-dessus et au-dessous du corps, un empennage assez considérable.

Le pilote est assis dans un « cock-pitt » ménagé dans le corps, bien protégé de tout choc direct. Sa position dégagée lui permet de voir le sol.

La conduite d'un aéroplane se décomposant en deux parties : 1° assurer la stabilité de l'appareil ; 2° assurer la direction, nous trouvons dans l'aéroplane *Rep II bis* deux groupes de manœuvres correspondant à ces deux nécessités, chacun de ces groupes étant assuré par un levier vertical.

La stabilité se décomposant en stabilité transversale et stabilité longitudinale, le levier de stabilisation, monté à la cardan et placé à la gauche de l'aviateur, est susceptible de se mouvoir dans ces deux sens perpendiculaires, et les organes rattachés à ce levier sont connexés de telle façon que lorsque l'appareil rompt son équilibre dans un sens, il suffise, pour rétablir cet équilibre, de manœuvrer le levier dans le sens directement opposé, ce qui est instinctif. Actionné latéralement, ce levier gauchit les ailes au moyen des quatre haubans sous-tendeurs (deux par aile), en lames d'acier plates ; actionné longitudinale-

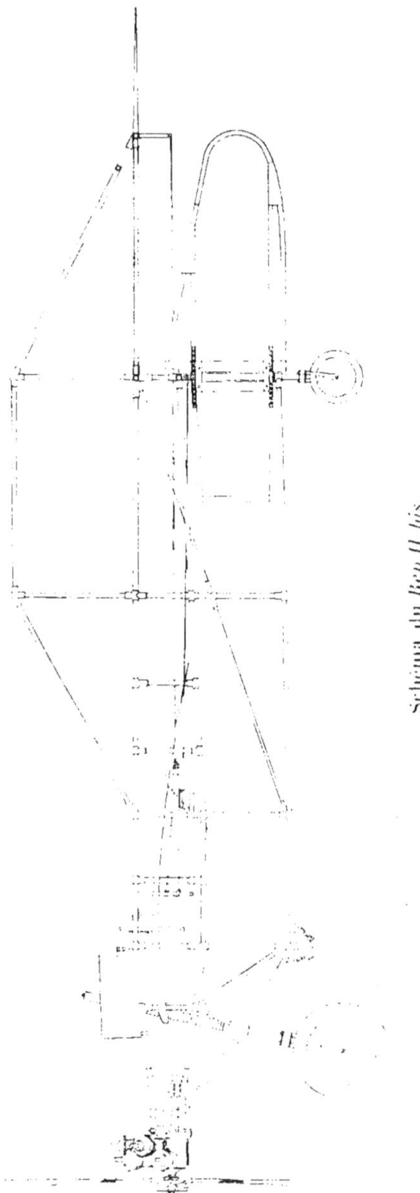

Schéma du *Rep 11 bis*.

ment, ce même levier braque, au gré du pilote, le gouvernail de profondeur, rétablit l'équilibre longitudinal, et sert, en outre, à la montée ou à la descente.

La direction latérale est assurée par un levier vertical placé devant l'aviateur et se déplaçant dans le sens transversal. Les organes de commande du gouvernail vertical sont connexés sur ce levier, à droite, pour virer à droite, et *vice versa*.

En résumé, les mouvements correspondent aux réflexes naturels de l'aviateur, qui a ainsi l'impression de sentir l'appareil se mouvoir dans le même sens que sa main et lui obéir.

Une pédale, au pied droit, commande la vitesse du moteur par l'admission. Une pédale, au pied gauche, permet la mise en marche du moteur, du siège du pilote.

.˙.

Le champ de manœuvres d'Issy-les-Moulineaux n'a point tenté M. Robert Esnault-Pelterie. Loin du terrain militaire, des quartiers sinistres, lépreux, qui l'encerclent, il est une route délicieuse sous des voûtes de feuillages : le trait d'union de Versailles à Chevreuse. Mais nous nous arrêterons, à peine après avoir dépassé Buc, dans une prairie que longe la route, car près de l'eau grise de l'étang du Trou-Salé, s'élève le hangar, j'allais dire le nid, de l'oiseau artificiel. Jadis, sur les berges de cet étang, de malencontreux chasseurs venaient massacrer des canards sauvages, les ailes blotties dans les roseaux. L'on y crée maintenant de magiques automates.

Les premiers vols datent d'octobre 1907. Le 22, en présence de l'archiduc Léopold Salvator d'Autriche et de don Jaime de Bourbon, M. R. Esnault-Pelterie franchissait 150 mètres. Les 26 et 27, il réussissait des parcours en S. L'équilibre longitudinal était précaire, l'aéroplane se cabrant au moindre excès d'incidence.

l'aviateur devait immédiatement couper l'allumage, et le vol, trop rapidement interrompu, se terminait par des avaries (16 et 21 novembre 1907.

A la suite d'une rude, mais féconde campagne, M. R. Esnault-Pelterie mit en chantier un nouvel et semblable engin avec lequel il a stupéfié ceux-là mêmes qui le suivirent pas à pas.

Le 8 juin 1908, après deux vols de 300 et 500 mètres, l'aviateur reprit l'atmosphère et termina ce troisième vol à 1.500 mètres de son point de départ, aux portes de Toussus-le-Noble, village voisin de l'aérodrome. Parmi les rares spectateurs de cette expérience, était M. Henry Kapférer, qui suivait les évolutions avec une émotion que l'on comprendra, lorsque j'aurai dit que le monoplan atteignit une altitude de 10 mètres.

M. Robert Esnault-Pelterie ne disposait encore pas d'un dispositif permettant de diminuer l'avance à l'allumage. Aussi fut-il obligé, pour ne pas atterrir sur les maisons de Toussus-le-Noble, de braquer carrément le gouvernail de profondeur. La descente fut vive, très vive, dans un champ de luzerne. Une aile de l'aéroplane a été brisée; l'aviateur éprouva lui-même une commotion brutale qui n'eut aucune conséquence grave.

La vitesse du rapide monoplan Esnault-Pelterie variait entre 65 et 70 kilomètres à l'heure. Il quittait le sol en se jouant, et c'était une joie de contempler en plein ciel sa grâce robuste et délicate.

.

Le 21 novembre 1908, M. Chateau, ingénieur des établissements REP, remportait, par 316 mètres, l'un des prix dits de « 200 mètres » de l'Aéro-Club de France.

M. Robert Esnault-Pelterie confia ensuite le *Rep II bis* à M. Maurice Guffroy, un excellent pilote aéronaute de l'Aé. C. F. Dès son premier jour d'entraînement, le 15 février 1909, M. Maurice Guffroy réussis-

Photo *Otto.*

M. Maurice Guffroy.

sait quelques petits bonds. Le lendemain, il volait 50 à 60 mètres. Le 17 février, après avoir franchi d'abord une centaine de mètres, il réussissait, à 5 mètres de hauteur, une superbe envolée de 800 mètres qui amenait l'aviateur aux limites du terrain et l'obligeait à virer. En exécutant ce mouvement, la roue avant vint buter dans un talus de terre qui borne l'aérodrome, et l'aéroplane ainsi arrêté dans sa course se retournait complètement. M. Guffroy n'avait aucun mal, et l'appareil

— ceci prouve sa robustesse — résista parfaitement au choc. Seule l'hélice a été brisée.

M. Maurice Guffroy poursuit méthodiquement son entraînement. Ses progrès s'affirment de jour en jour. Nous ne pouvons relater ici ses envolées quasi quotidiennes, mais disons tout au moins que ses principaux vols dépassèrent largement les limites de l'aérodrome de Buc; ils rayonnèrent souvent sur la campagne environnante parmi les obstacles divers. L'appareil est au point; le pilote possède toute la maîtrise nécessaire: ils ne tarderont pas à nous étonner.

Le 22 mai 1909, M. Maurice Guffroy exécutait plusieurs vols intéressants de 600 à 800 mètres, puis l'aviateur repartait pour une nouvelle tentative: il disparaissait bientôt derrière le fort de Buc et ne s'arrêtait que devant les fils télégraphiques qu'il ne s'attendait pas à rencontrer à cet endroit. Le vol fut contrôlé officieusement par MM. Esnault-Pelterie, Maurice Farman, les officiers et les sous-officiers du fort de Buc; il atteignit 4 kilomètres environ.

Le lendemain, M. Guffroy s'éleva, fila vers Châteaufort, vira au large et se disposait à revenir lorsque, se trouvant trop haut, le pilote donna un coup de barre qui le ramena trop vite à terre, sans le moindre dommage d'ailleurs.

Le vol n'en avait pas moins duré 7 à 8 minutes pour un parcours de 8 kilomètres environ.

LES AÉROPLANES DE SANTOS-DUMONT

Santos-Dumont a toujours eu cette conception que l'aéronat, l'autoballon, ne pouvait être que l'étape indis-

pensable, mais provisoire, sur la route ardue dont le
but lumineux est la dirigeabilité absolue, pratique, dans

Cliché *Vie Automobile*.

Vol du Santos-Dumont XIV bis, à Bagatelle.

l'atmosphère. Il est arrivé naturellement à l'aviation,
à l'aéroplane, à la méthode expérimentale la plus simple,
la plus logique, de la doctrine du « plus lourd que
l'air ».

Sans doute fallait-il, pour créer en France le premier aéroplane, le même homme qui créa l'aéronat, qui, le premier, — n'est-il pas toujours le premier ? — eut l'audace de faire voisiner le pétrole avec l' « air inflammable ». Rappelons-nous la conquête du prix Deutsch !... Rappelons-nous la stupéfaction, l'émotion joyeuse qui suivirent la révélation !... Le 19 octobre 1901 provoqua un mouvement gigantesque, l'étude plus approfondie de l'hélice aérienne, les perfectionnements de l'admirable moteur à explosions.

Les Wright ont, avant Santos-Dumont, volé mécaniquement. Mais il revient à Santos-Dumont la gloire d'avoir prouvé à son pays d'adoption, au moyen d'un appareil ne ressemblant en rien à l'appareil Wright, que le rêve héréditaire était réalisé... Le 12 novembre 1906, il parcourait 220 mètres en plein vol, et l'on prononça enfin la phrase tant attendue : L'homme peut voler... Il a volé !

Santos-Dumont crut, un moment, au décevant hélicoptère. Il en comprit vite les difficultés, le rejeta pour l'aéroplane.

Première machine volante : constituée par six cellules Hargrave, accolées par une de leurs faces, disposées trois par trois, de manière à former un angle dièdre, un V largement ouvert en haut. Ces cellules comprenaient une armature peuplier et bambou) tendue de toile vernie. Surface totale : 60 mètres carrés. Envergure : 12 mètres.

Les ailes ainsi formées se fixaient à une longue carcasse de bambou portant à son avant une autre cellule montée sur joint universel : le gouvernail de profondeur. Longueur totale : 10 mètres.

Un moteur *Antoinette* actionnait une hélice à deux branches travaillant à l'extrémité arrière. Diamètre de l'hélice : 2 mètres, pas : 1 mètre.

Sur la carcasse de bambou, en avant du moteur, Santos-Dumont se tenait dans une petite nacelle d'osier. A sa droite, un levier commandait les mouvements verticaux du gouvernail de profondeur; à sa gauche, un volant provoquait les mouvements horizontaux. Deux autres petits gouvernails se trouvaient dans les cellules extrêmes.

L'aéroplane, reposant sur une suspension élastique, fut tout d'abord monté sur trois roues porteuses, caoutchoutées. Puis, Santos-Dumont supprima la roue arrière. L'ensemble pesait 250 kilogrammes aéroplane : 50 kilogrammes; partie motrice : 150 kilogrammes; aviateur : 50 kilogrammes.

*
* *

Au cours de juillet 1906, Santos-Dumont commença son apprentissage d'aviateur. L'aéroplane (*Santos-Dumont XIV bis*, est allégé par un petit ballon allongé (*Santos-Dumont XIV*). Il se familiarise avec cet engin si nouveau, étudie la stabilité dans son aérodrome de Neuilly-Saint-James.

Le 21 août, il peut renoncer au ballon, tente l'enlèvement direct par la vitesse propre de l'appareil et la réaction sustentatrice de l'air sous les plans. L'allégement est manifeste. Toutefois la puissance du moteur (24 chevaux) est reconnue insuffisante. Un moteur de 50 chevaux 8 cylindres lui succède.

Les essais sont poursuivis, le 4 septembre, sur la pelouse du champ d'entraînement de Bagatelle ; la nouvelle partie motrice donne à la machine une vitesse propre beaucoup plus vive ; mais une fausse manœuvre des aides fait basculer l'appareil. Les avaries légères du gouvernail sont immédiatement réparées.

Le 7 septembre, les roues quittent le sol un instant.

Le 13 septembre, Santos-Dumont franchit une dizaine de mètres à 1 mètre de hauteur! L'atterrissage est dur.

L'hélice se brise, et le bâti demande de sérieuses réparations. Mais un résultat formel est acquis, qui transporte les spectateurs.

Santos-Dumont est acclamé. Au cours d'essais, officiellement contrôlés, un aéroplane à moteur a réussi à quitter le sol en n'utilisant que les seuls moyens du bord.

Ce troublant résultat s'affirme le 23 octobre (50 mètres environ), et surtout le 12 novembre : 220 mètres à 6 mètres de hauteur, en 21″ 2/5, soit 10^m,33 à la seconde ou 37^{km},358 à l'heure. L'inoubliable performance fut homologuée par la Commission d'aviation de l'Aéro-Club de France, dans sa séance du 16 novembre, et le *Bulletin officiel* de la Société [1] publia les résultats techniques des quatre essais de Santos-Dumont, dans cette même journée. Nous reproduisons ce document :

« *Premier essai.* — Départ à 10 heures du matin. L'appareil s'enlève avant la ligne de départ et parcourt en 5 secondes, à 40 centimètres du sol, une quarantaine de mètres. Le moteur tourne à 900 tours.

« *Deuxième essai.* — Départ à 10^h,25. L'appareil parcourt tout le champ d'entraînement, exécutant deux vols à peu de distance du sol, le premier de 40 mètres, et le second de 50 mètres environ. Le parcours se termine par un essai de virage en plein vol, virage arrêté par la proximité des arbres, après qu'un quart de volte à droite était déjà effectué. L'essieu de la roue porteuse droite, légèrement faussé dans l'atterrissage, est réparé pendant le déjeuner.

« Pendant ces deux essais, des brises assez inconstantes soufflaient par risées.

« *Troisième essai.* — Départ à 4^h,9. Deux envolées : la première de 50 mètres ; la seconde, chronométrée par MM. Surcouf et Besançon, de 82^m,60 en 7″ 1/5, soit 11^m,47 à la seconde ou 41^{km},292 à l'heure. Essai de virage à droite, arrêté par la bar-

[1] *L'Aérophile.*

rière du Polo, alors que l'appareil avait déjà décrit presque une demi-volte.

« Dans cet essai, Santos-Dumont a donc officiellement battu son parcours du 23 octobre, par lequel il détenait déjà la Coupe d'aviation Archdeacon. Tous les trajets précédents avaient été exécutés dans le même sens : le départ se faisait à l'extrémité nord de la pelouse de Bagatelle, et l'arrêt vers le Polo.

« Le *quatrième essai* s'opéra en sens inverse des trois autres. L'aviateur partit face au vent. Le départ eut lieu à 4ʰ,45, dans le jour déjà déclinant. L'appareil, favorisé par le vent debout et aussi par une très légère pente, est presque tout de suite à l'essor. Il file éperdument, surprenant les spectateurs éloignés qui ne se rangent pas assez vite. Pour éviter la foule, Santos augmente l'incidence et dépasse 6 mètres de hauteur. Mais du même coup la vitesse a diminué. Le vaillant expérimentateur a-t-il un instant d'hésitation ? L'appareil paraît moins sûrement équilibré ; il esquisse un virage à droite. Santos, toujours merveilleux de sang-froid et d'adresse, coupe l'allumage et revient au sol. Mais l'aile droite touche avant les roues porteuses et subit de très légères avaries. Heureusement Santos est indemne, et c'est alors la ruée des assistants emballés et leur frénétique ovation. »

.˙.

Santos-Dumont, gêné par les dimensions relativement exiguës de la pelouse de Bagatelle, dressa un hangar en bordure du terrain de manœuvres de Saint-Cyr. Il s'envola de nouveau, le 4 avril 1907. Après un parcours aérien de 50 mètres, pendant lequel l'aéroplane subit de très nettes oscillations pendulaires, il revint brutalement au sol. A l'aéroplane endommagé succéda le *Santos-Dumont XV*.

L'instabilité latérale du premier provenant, croyait-on, de ce que le gouvernail avant n'était pas contrebalancé par une queue, Santos-Dumont disposa à l'arrière du modèle 1907 un dispositif équili-

breur analogue à celui du modèle 1906. La partie sustentatrice
était encore formée de six cellules en angle dièdre, de 11 mètres

La partie moto-tractive de la deuxième *Demoiselle* de Santos-Dumont
(hélice Chauvière).

d'envergure, mais construite en bois d'okoumé verni, sur une
monture en tubes d'acier, et renforcées par un haubanage en
cordes de piano. La surface portante n'offrait plus que 14 mètres
à la réaction sustentatrice de l'air. D'autre part, l'aéroplane

reposait sur une seule petite roue munie d'un pneu de 90 millimètres. Le pilote de ce singulier monocycle maintenait l'équilibre terrestre et aérien par l'emploi judicieux du gouvernail de profondeur. Ce gouvernail, cellule analogue à celles des ailes, était placé à l'arrière de la machine volante, à l'extrémité d'une armature de bambou de 4 mètres de longueur. Deux petits gouvernails, dans les cellules extrêmes des ailes, assuraient la direction.

L'hélice, aluminium et acier diamètre : 2^m,05 ; pas : 1^m,70, était actionnée, en prise directe, par un moteur de 50 chevaux *Antoinette*, dont le poids spécifique, par puissance de cheval, ne dépassait pas 1^{kg},500. A vrai dire, en ordre de marche, en tenant compte du poids de l'arbre, de la magnéto et du tuyautage, le poids atteignait 2^{kg},500 au cheval.

Santos se tenait sur une selle de tricar fixée à l'armature supportant le gouvernail, en dessous et légèrement en arrière du moteur. Poids de l'appareil monté : 325 kilogrammes.

Le 21 mars et les jours suivants, sont exécutés plusieurs galops d'essai sur le champ de manœuvre des Saint-Cyriens, sans tentatives de soulèvement, afin de contrôler l'équilibre et le fonctionnement de la partie motrice. Santos constate une vitesse de 35 kilomètres à l'heure, en n'employant pas l'avance à l'allumage. La stabilité est satisfaisante, malgré l'unique point d'appui, et l'allégement notable. Toutefois il abandonne ce deuxième biplan pour la construction d'un aéroplane à surface unique, le *Santos-Dumont XIX*, qu'il devait monter à Bagatelle, où il revint peu après, et sur le terrain de manœuvre d'Issy-les-Moulineaux.

*
* *

Santos-Dumont a créé deux « demoiselles ».

La fine structure de ces monoplans rappelle, en effet,

la forme charmante des petits êtres ailés qui hantent les ruisseaux ; ils rappellent encore ces souples insectes par leurs dimensions curieusement exiguës.

La première « demoiselle » (*Santos-Dumont XIX*) était constituée par une épine dorsale en bambou, de 8 mètres de longueur. A l'avant, un moteur Dutheil et Chalmers de 18-20 chevaux, et le plan sustentateur : un dièdre en soie du Japon, de 10 mètres carrés de surface et de 5 mètres d'envergure.

Le moteur, à deux cylindres horizontaux opposés, ne pesait que 22 kilogrammes alésage : 125 millimètres; course : 100 millimètres . Il actionnait en prise directe une hélice à deux pales diamètre : 1^{m},35 : pas : 1^{m},05 .

A l'extrémité arrière de la tige de bambou, le gouvernail principal, cruciforme, à la cardan, agissait dans tous les sens.

Tout cela était monté sur un châssis rectangulaire reposant lui-même sur trois roues. Le siège de l'aviateur — une sangle — se trouvait entre les montants du châssis. A la même hauteur, à droite et à gauche, un gouvernail de direction, et, en avant, un petit gouvernail de profondeur.

La « demoiselle » de soie blanche atteignait, au grand complet, montée par son auteur, 106 kilogrammes, le record de la légèreté. La partie sustentatrice avait été construite en quinze jours ; la partie mécanique, en trois semaines !

Le 16 novembre 1907, à Bagatelle, vol très stable, très aisé, de 200 mètres environ, à 6 mètres de hauteur moyenne. Santos-Dumont s'inscrit aussitôt à l'Aéro-Club de France pour disputer le Grand-Prix d'aviation Deutsch-Archdeacon de 50.000 francs. S'il ne put remporter la palme, il prouva, néanmoins, à Issy-les-Moulineaux, le lendemain 17 novembre, les qualités et l'excellence statique de son insecte ingénieux. Le plus beau vol de la journée fut prolongé sur près de 200 mètres.

Le 21 novembre, nouvelle expérience à Bagatelle. Santos-Dumont réussit plusieurs envolées très intéressantes. Malheureusement l'une des branches de l'hélice casse net et retombe à 120 mètres de l'appareil. Depuis, l'aviateur, justement ému de la fragilité des hélices, — un tel accident est trop fréquemment survenu chez tous ses camarades, M. R. Esnault-Pelterie excepté, —

La *Demoiselle* de Santos-Dumont en plein vol.

remplaça son hélice unique par deux propulseurs plus grands armature de bois tendue de soie, tournant plus lentement. Toutefois, peu satisfait de la transmission à courroie, il est revenu à l'hélice unique.

La seconde « demoiselle » *Santos-Dumont XX* serait en tous points semblable à la première si l'hélice(1) n'était en bois diamètre : 1^m,80; pas : 1 mètre; traction : 70 kilogrammes), et si la stabilité latérale n'était obte-

(1) Hélice intégrale Chauvière.

nue par un léger gauchissement des ailes. Une commande, reliant les extrémités du plan, passe dans un gousset pratiqué sur le dos du veston de l'expérimentateur. L'aéroplane gîte-t-il à droite? Santos se penche à gauche, gauchit ainsi l'aile droite.

Même moteur, mais les culasses sont refroidies par circulation d'eau. Le radiateur se compose d'une poignée de tubes d'aluminium attachés sur l'épine dorsale. Surface des ailes concaves : $9^{m2},50$; poids monté : 145 kilogrammes.

Après avoir réglé à Issy-les-Moulineaux, durant le dernier hiver, cette nouvelle « demoiselle », qui quitte le sol après un parcours terrestre d'une vingtaine de mètres, et vole à 80 kilomètres à l'heure, Santos-Dumont poursuit à Saint-Cyr des essais concluants. Il y évolue avec le plus grand succès. Les principales envolées, remarquables par leur stabilité, furent de 2.000 mètres le 6 avril 1909, et de 1.500 le surlendemain, à 30 mètres de hauteur moyenne, franchissant haies, arbres et fils télégraphiques !

Sur la route poudreuse, le sportsman, filant à belle allure vers Rambouillet ou Versailles, s'arrête stupéfait. Dans l'air léger, il voit passer terriblement vite comme une grosse mouche emportant un homme !... Cette mouche, il la reconnaît. Et charmé de constater la reprise des travaux du célèbre Brésilien, le passant applaudit joyeusement Santos-Dumont qui vole...

Santos-Dumont nous surprendra de nouveau par son rare courage, ses idées originales, absolument remarquables, de novateur. Sans doute a-t-il perdu un temps précieux pour l'Aviation en tentant le perfectionnement des hydroplanes. Cette période d'école buissonnière, si ce terme peut être employé, a permis à Henri

Farman, l'un de ses émules, de remporter le premier Grand-Prix d'aviation. Mais qu'importe ! Santos-Dumont flambe encore aujourd'hui de l'enthousiasme de naguère, et voici que, brusquement, le mot de Kotsebüe, parlant de Zambeccari, vient hanter ma mémoire : « Ses regards sont des pensées. »

LES BIPLANS VOISIN

L'exemple donné par Santos-Dumont fut suivi tout d'abord par un sculpteur de talent, M. Léon Delagrange. Ce nouvel aviateur fit construire par la Société Voisin un biplan cellulaire rappelant le cerf-volant Hargrave.

Type actuel. — Les deux plans de 10^m,20 d'envergure, distants en hauteur de 2 mètres, et réunis par des cloisons entoilées verticales, sont montés sur un fuselage où prend place l'aviateur, ayant derrière lui le moteur actionnant directement une hélice de 2^m,30 de diamètre et 1^m,40 de pas, tournant immédiatement à l'arrière des plans porteurs. Longueur totale de l'appareil : 10^m,50.

En avant se trouve le stabilisateur ou gouvernail de profondeur monoplan. A 4^m,50 en arrière des mêmes plans, est montée la queue stabilisatrice formée par une cellule dont les quatre faces sont entoilées, et à l'intérieur de laquelle pivote le gouvernail vertical de 1^m,25 sur 1^m,10. Devant l'aviateur, un volant qui actionne le gouvernail vertical, quand le pilote le fait tourner à droite ou à gauche, et le gouvernail de profondeur, quand le pilote tire en arrière ou pousse en avant ce même volant.

Le tout repose sur un châssis tubulaire, élastique et amortisseur, à trois roues orientables. Surface portante totale : 52 mètres carrés. Poids : 530 kilogrammes environ.

A l'encontre des types Wright, Blériot, Rep, etc., dont les ailes se gauchissent, les plans du type Voisin sont fixes. Les constructeurs pensent obtenir l'équilibre automatique, dans le sens longitudinal, au moyen de la queue cellulaire ; dans le sens transversal, en cloisonnant les plans sustentateurs, c'est-à-dire par l'emploi de plans de dérive.

Ce type d'aéroplane fut mis au point par ses constructeurs (mars 1907). Les biplans Voisin ont été ultérieurement pilotés par MM. Léon Delagrange, Henri Farman, Legagneux, Armand Zipfel, C. Moore-Brabazon, de Caters, Henri Rougier, de Salvert, Jean Gobron, capitaine Ferber, Paulhan, Étienne Bunau-Varilla, etc.

M. Léon Delagrange s'affirme en janvier 1908, et

M. Léon Delagrange.

prendra même, pendant quelque temps, le titre de recordman, après nous avoir étonné par son assurance, son habileté. Pouvions-nous espérer que ce maître sculpteur aurait si tôt pénétré les mystères et les caprices d'un oiseau artificiel ? Le maniement d'un gouvernail de profondeur, délicate manœuvre assurément, est-il donc le succédané des tâtonnements de l'ébauchoir ? L'œil artiste, qui caressa la courbe harmonieuse d'une hanche ou la rondeur d'un sein, peut-il aussi se complaire à suivre les lignes arides d'une épure, à sonder les poumons d'acier d'un moteur! Quoi qu'il en soit, M. Léon Delagrange termina vite son apprentissage du métier d'oiseau, mais, en guise de « tour de France », se rendit en Italie.

Ses principaux vols atteignent une durée de 29' 53" 4/5 et de 30' 37" les 5 et 17 septembre 1908.

Le 23 mai 1909, il couvre 5 kil. 800 en 10' 18" 3/5, à Port-Aviation. En juin, M. Léon Delagrange est acclamé par les habitants d'Argentan. Le 11 juin, notamment, l'aviateur franchit 6 kilomètres, passe à 5 mètres au-dessus des tribunes, sort de l'aérodrome, et regagne son hangar par un double virage.

.·.

M. Henri Farman, au cours de l'été 1907, fit construire un aéroplane biplan, type Delagrange, et procéda à des essais très méthodiques.

En août 1907, il tente en vain de quitter le sol ; en septembre, il parvient à parcourir 30, 40, 50 mètres dans l'atmosphère. Pendant un mois et demi, il ne peut porter ses vols qu'à 100 et 120 mètres, après de longues difficultés.

Tout à coup il comprend la manœuvre, si nouvelle pour lui ; quelques particularités du moteur ; la meilleure inclinaison à donner au gouvernail de profondeur.

Le 26 octobre, il couvre une distance de 770 mètres en ligne droite, sur le terrain de manœuvres d'Issy-les-Moulineaux, son champ d'expériences.

Depuis cette date, il travaille et étudie la question du virage, et ce n'est que le 11 janvier 1908, quatre mois après la première sortie de l'appareil, qu'il exécute deux boucles complètes d'une durée de 1′ 45″.

Le 13 janvier suivant, sous le contrôle de la Com-

M. Henri Farman gagne, au camp de Châlons, l'un des prix de la hauteur
de l'Aéro-Club de France.

mission d'aviation de l'Aéro-Club de France, il remplit les conditions exigées par le règlement du Grand-Prix Deustch-Archdeacon, parcourt 1 kilomètre en circuit fermé, vire derrière un poteau désigné à l'avance, placé à 500 mètres du point de départ et regagne ce point.

Le premier voyage de ville à ville — Louvercy-Reims — causa une sensation non moins profonde. Le trajet de 27 kilomètres à vol d'oiseau, dont l'altitude atteignit parfois 50 mètres au-dessus de rideaux de peupliers, fut effectué en 20 minutes

Parmi les autres performances de Henri Farman, l'on doit citer son parcours de 2 kilomètres, accompagné de M. Painlevé (de l'Institut), le 28 octobre 1908, et son envolée du 31 octobre de la même année : l'aviateur remporta l'un des prix de la hauteur de l'Aéro-Club de France. En novembre l'appareil fut transformé en triplan puis cédé à un syndicat autrichien qui le fit piloter par M. Legagneux. Nous avons vu, dans un précédent chapitre, que Henri Farman est actuellement constructeur d'aéroplanes au camp de Châlons.

.·.

M. Armand Zipfel a exécuté quelques vols à Lyon et à Berlin, et le capitaine Ferber a remporté plusieurs prix à Port-Aviation. Le 13 juin 1909, à 10 mètres d'altitude, l'aviateur couvrit 6^{km},66, franchissant l'Orge à huit reprises.

Le capitaine Ferber a pris part aux concours de Douai et de Vichy.

Pendant ces mêmes concours, M. Paulhan dont l'aéroplane est actionné par un moteur rotatif Gnome, a stupéfié les témoins de son audace. Il a gagné, à Douai, le prix de la hauteur en évoluant à 120 mètres d'altitude environ, et a réussi le raid Douai-Arras avec une escale.

M. Jean Gobron et les autres pilotes cités plus haut volent également et méritent de vives félicitations.

LES BIPLANS WRIGHT

Après s'être révélé — on sait de quelle magnifique façon — aux Hunaudières et au camp d'Auvours [1],

Photo *Torpent*, le Mans.

Wilbur Wright.

Wilbur Wright forma deux pilotes : le comte Charles de Lambert et M. Paul Tissandier.

Le comte Charles de Lambert est l'inventeur des bateaux glisseurs, des hydroplanes qui viennent de s'af-

[1] Voir *Les Oiseaux artificiels* chez Dunod et Pinat, 49, quai des Grands-Augustins, Paris.

firmer une fois de plus au récent Meeting de Monaco. M. de Lambert avait à peine vingt ans, en 1885, lorsqu'il expérimenta, en rivière, son premier glisseur, que remorquait un cheval galopant sur la berge. Il savait déjà que l'inertie de l'eau, la résistance due aux frottements de l'eau sur les parties immergées, la résistance de l'air sur les parties non immergées, et la perte de force provenant du rendement défectueux des propulseurs, sont les causes principales qui s'opposent à la marche rapide d'un navire. Afin de détruire, de diminuer notablement tout au moins l'importance de ces causes, l'inventeur songea aux plans inclinés.

A la rigueur, on pourrait faire remonter à la date de naissance de cette idée heureuse les débuts, en aviation, du comte de Lambert. Les plans inclinés aquatiques n'étaient que le prodrome des plans inclinés aériens. Les deux fluides, l'eau et l'air, ne sont-ils pas identiques? ne sont-ils pas aussi changeants? aussi perfides? ils ne diffèrent que par la densité qui, chez l'un, est huit cents fois moindre que chez l'autre.

Tout en poursuivant ses travaux hydronautiques, le comte de Lambert s'intéressait à la locomotion aérienne exclusivement mécanique. En 1893, il montait à bord du gigantesque aéroplane *Maxim*, qui roulait entre deux voies ferrées, sur un mille de longueur.

En 1894, le comte Charles de Lambert entre en relations avec Otto Lilienthal qui lui cède, moyennant 500 marks, l'un de ses planeurs. A vrai dire, comme il ne disposait pas, ainsi que l'ingénieur allemand, d'un favorable terrain d'expériences, M. de Lambert n'étudia pas longtemps le vol plané. Il avait, d'ailleurs, la prescience du vol mécanique. A cette époque, il cons-

truisait son premier glisseur à moteur, et son contre-
maître était Horatio Philipps.

.*.

M. Paul Tissandier, bien que tout jeune, a accompli,

Le comte Charles de Lambert.

en automobile, en ballon sphérique, dans les sports les
plus divers, de superbes performances. J'en donnerai
une idée en rappelant ses principaux voyages aériens.
Paris à Pretsch-sur-Elbe (830 kilomètres : à Neu-
stadt (Allemagne) (650 kilomètres : à Nébian (Hérault)
(594 kilomètres); à Sainte-Croix-de-Mareuil (Dordogne)
(669 kilomètres); à Metz, à la vitesse moyenne de 75 kilomètres à l'heure. En outre, M. Paul Tissandier fut
le vainqueur de nombreux concours de distance, d'al-

terrissage, d'observations météorologiques et de photographie aérienne.

A bord de ses automobiles toujours rapides, et qu'il conduit avec un enviable sang-froid, il a couvert un nombre incalculable de kilomètres, parcouru non seulement la France entière, mais l'Italie, l'Allemagne, la Belgique, l'Espagne, etc.

Entre temps, l'alpinisme l'attire — est-ce la nostalgie des altitudes? — et il consacre, tous les ans, plusieurs semaines à poursuivre l'izard dans les Pyrénées, marchant douze et quatorze heures par jour, se nourrissant des vagues provisions emportées par les guides, couchant sur la dure, dans un sac de peau, insoucieux de la fatigue et souvent du danger, menant en un mot la vie de plein air et de liberté qui refait les muscles et retrempe les énergies.

Paul Tissandier possède enfin, et complète, la merveilleuse collection « au ballon » de MM. Gaston et Albert Tissandier, son père et son oncle, collection dont les visiteurs du Salon pourront admirer les plus belles pièces.

Wilbur Wright donna au comte de Lambert 23 leçons (durée totale : 5ʰ 22ᵐⁱⁿ 7ˢᵉᶜ 1 5) et à M. Paul Tissandier 17 leçons (durée : 2ʰ 58). Or les deux élèves se sont placés, dès leurs débuts, dans le petit groupe des aviateurs de tête. Ils ont, du premier coup, au Pont-Long (Pau), égalé les meilleures performances obtenues par les autres types d'aéroplane à la suite de longs efforts. Brusquement, à peine hors de pages, si l'on peut ainsi s'exprimer, ils remportaient, l'un et l'autre, un

prix de l'Aéro-Club de France, le même jour, *en franchissant cent une fois la distance exigée!* Les 25^{km}.250
en circuit fermé — le règlement demandait simplement

Cliché *Au fil du Vent*.

M. Paul Tissandier.

un vol de 250 mètres —étaient parcourus en 27^{min} 59^{s}.
par M. Paul Tissandier; en 27^{min} 11^{s} par M. Charles
de Lambert.

Que dire de plus qui ne soit inutile? A la rigueur,
l'on pourrait faire observer que s'il a suffi, à ces élèves

passés maîtres, de quatre ou cinq heures d'apprentissage pour connaître le métier d'oiseau, affirmer ainsi
leur habileté, il n'est pas un sport ne nécessitant un
plus long laps de temps. Au fait, hormis le métier d'oiseau, que peut-on apprendre en quatre ou cinq heures ?

M. Ch. de Lambert a continué ses expériences à
Cannes, en Hollande et à Wissant, près de Calais.

M. Paul Tissandier a pris part aux concours de Vichy. Cinq épreuves furent disputées : il a remporté
quatre premiers prix. Auparavant, à Pau, il avait tenu
l'atmosphère pendant 1ʰ 4′, et détient, par 55 kilomètres, le record du monde de la vitesse dans l'heure.

⁂

L'envergure des surfaces portantes du biplan Wright, importé
en France grâce à MM. Hart O. Berg et Lazare Weiller, atteint
12ᵐ.50. Elles sont parallèles, légèrement concaves en dessous,
tendues de toile. Surface : 50 mètres carrés ; largeur des plans :
1ᵐ.80 ; hauteur entre les plans : 1ᵐ.80.

A l'avant, à 3 mètres des surfaces, le gouvernail horizontal de
profondeur, biplan. A l'arrière, à 2ᵐ.50 des surfaces, le gouvernail vertical de direction, également biplan. Longueur totale :
10 mètres.

Entre les plans, se trouve le moteur à quatre cylindres, refroi-
dissement par eau, de 25 chevaux de puissance, pesant 75 kilogrammes sans accessoires et 90 kilogrammes en ordre de marche,
soit 3ᵏᵍ.600 au cheval [1]. Ce moteur, tout comme l'ensemble de
l'aéroplane, est l'œuvre exclusive des frères Wright. Il ne diffère
pas sensiblement d'un moteur d'automobile. A sa droite, un
radiateur en tube plats en cuivre. A sa gauche, les sièges du

[1]. Quatre cylindres en fonte, chemise d'aluminium ; circulation d'eau ;
108 d'alésage et 100 de course ; soupapes d'admission automatique ;
allumage par rupteur ou par bougies, graissage automatique avec circulation d'huile au moyen d'une pompe. Une autre pompe envoie directement l'essence dans les cylindres. Pas de carburateur ; cinq paliers.

pilote et du passager, et les leviers : l'un gauchissant les extrémités postérieures des ailes procurant la stabilité transversale: l'autre commandant le gouvernail de plongée.

Wilbur Wright à 110 mètres d'altitude.

L'aviateur gagne le second prix de la hauteur de l'Aéro-Club de la Sarthe. 110 mètres. On remarque, au-dessous de l'aéroplane, le ballon captif à 110 mètres d'altitude que le concurrent devait surplomber, suivant les termes du règlement.

Le moteur transmet son énergie à deux hélices en bois, de 2^m,80 de diamètre, par des chaînes croisées, passant en des tubes d'acier qui les guident. Ces hélices, tournant, bien entendu, en sens inverse, pour éviter le couple de torsion, travaillent logiquement à l'arrière des plans. Elles sont démultipliées dans le rapport de 33 à 9, tournent avec une lenteur relative : 450 tours.

Le poids total de l'aéroplane, monté par un seul aviateur, atteint 500 kilogrammes.

Hormis la partie mécanique et la voiture, l'aéroplane est entièrement construit en bois, en *spruce*, sapin américain léger et très résistant. Il ne comporte pas de ressorts dans la suspension. Quatre tendeurs, seulement, dans son gréement. Enfin, les manœuvres de l'aviateur sont simples.

Le type Wright n'a pas de queue.

Au moment d'atterrir, l'aviateur arrête instantanément le moteur en opérant une traction sur une cordelette qui maintient alors les soupapes ouvertes.

Deux longs patins, une sorte de traineau, supportent l'ensemble à fleur du sol, à 40 centimètres à peine.

L'idée de gauchir les ailes, afin d'assurer la stabilité transversale, a été admirablement conçue et non moins admirablement exécutée. En gauchissant l'extrémité postérieure des plans, c'est-à-dire en ramenant en avant, au moyen de fils d'acier passant sur des poulies de renvoi, cette partie de la surface portante, l'expérimentateur augmente l'angle d'incidence du côté qui tend à s'abaisser. D'autre part, la même manœuvre diminue cet angle du côté qui tend à s'élever. Le bord antérieur, plus épais, reste fixe.

Mais cette modification détermine un ralentissement de la vitesse de l'aile dont la résistance a augmenté. En d'autres termes, la vitesse de l'aile présentée sous le grand angle diminue, tandis qu'augmente la vitesse de l'aile présentée sous l'angle plus petit, et cette dernière aile tend à neutraliser l'effet cherché.

Dans leur brevet français, délivré le 27 janvier 1908, les frères Wright expliquent qu'ils disposent à droite et à gauche du centre, des « vannes » verticales dont la résistance détruit les phénomènes secondaires, en obligeant l'ensemble de l'appareil à se mouvoir à la même vitesse. Ces vannes n'ont pas été disposées sur l'aéroplane expérimenté en France. Quoi qu'il en soit, et malgré les phénomènes secondaires, la stabilité latérale ne laisse rien à désirer.

Les fils d'acier sont reliés à un levier qu'actionne la main droite de l'aviateur. Ce levier se meut en tous sens. Lorsqu'il est incliné de droite à gauche, il gauchit l'aile droite. Il gauchit l'aile gauche lorsqu'il est porté vers la droite.

Le même levier commande également le gouvernail de direction.

Pour aller vers la droite, il se déplace d'avant en arrière ; et le gouvernail se braque vers la gauche lorsque le levier est déplacé d'arrière en avant.

L'on peut donc, *simultanément*, gauchir une aile et manœuvrer le gouvernail de direction.

Le levier de la main gauche commande le gouvernail de profondeur chargé de l'équilibre longitudinal et permettant la montée ou la descente, au gré de l'aviateur. L'aéroplane a-t-il une tendance à piquer du nez ? L'aviateur porte en arrière le levier du gouvernail de profondeur. Il porte le levier en avant si l'appareil se cabre. En somme, tous ces mouvements sont instinctifs, s'exécutent machinalement à la suite d'un bref apprentissage. Nos réflexes nous empêchent de tomber lorsque nous sommes dressés, immobiles sur nos pieds, et le bicycliste, ainsi que l'oiseau, d'ailleurs, rétablit sans cesse son équilibre, sans songer à sa constante instabilité.

MM. Ch. de Lambert et Paul Tissandier, pilotes de la Compagnie générale de navigation aérienne, forment à leur tour plusieurs élèves impatients de monter les biplans de la Compagnie [1].

LES AÉROPLANES *ZODIAC*

La Société Zodiac, qui construit de si curieux ballons dirigeables démontables, a établi le monoplan du comte Henry de La Vaulx et le biplan Maurice Farman Neubauer.

Le monoplan *de La Vaulx*, dont la construction fut dirigée par M. Tatin, fut expérimenté le 18 novembre 1907.

Dès son premier galop d'essai le monoplan — fait sans précédent — s'enlevait très facilement sur un parcours de 75 mètres environ, contre le vent.

[1] Siège social : 27, rue de Londres. Paris.

Le comte de La Vaulx voulut alors faire un second vol dans la direction du vent. L'appareil, de nouveau, se comporta bien et, après avoir roulé une cinquantaine de mètres, prenait son essor.

L'aéroplane paraissait équilibré quand, tout à coup, par suite de la rupture d'un portant, l'aile droite se rabattit sur l'aile gauche. L'appareil désemparé piquait

Cliché *Vie Automobile*.

Le monoplan du comte Henry de La Vaulx.

vers le sol et capotait, recouvrant de ses débris M. de La Vaulx, dont la tête était protégée par un casque de motocycliste, et qui n'eut à se plaindre, lorsque ses aides terrifiés l'eurent dégagé, que du contact désagréable de l'eau par trop chaude ruisselant sur lui des tuyaux crevés.

Le comte Henry de La Vaulx, très pris par les expériences des autoballons *Zodiac*, a été forcé d'abandonner momentanément ses études d'aviateur, qu'il reprendra un jour prochain.

.

Le biplan Maurice Farman-Neubauer vient de procéder à des essais de mise au point. Il s'est enlevé à Buc (aérodrome Esnault-Pelterie) dès ses débuts (9 février 1909). Il réussissait le lendemain un vol de 300 mètres environ.

AÉROPLANES DIVERS

Bien d'autres aéroplanes ont été construits. Leur nombre est tel qu'il nous est impossible de tous les citer. Parmi les plus intéressants et qui s'envolèrent, relatons le biplan René Gasnier, le biplan de MM. Paul et Ernest Zens, le biplan Goupy-Calderara, construit par les ateliers Blériot, les monoplans-tandem Kapférer-Paulhan et de Pishof-Koechlin. Mentionnons encore les essais de M. Louis Bréguet à Douai.

Enfin la maison Clément-Bayard a construit des aéroplanes dont les débuts sont imminents.

CONCLUSION

Ces divers appareils aériens, dont nous avons tenté d'expliquer le processus dans un cadre trop étroit, nous les retrouverons, après la semaine de Champagne, organisée par l'Aéro-Club de France, au Salon de 1909, dont le commissaire général est M. Robert Esnault-Pelterie; secrétaire général : M. André Granet.

A la première exposition internationale de l'Aéronautique, les deux méthodes — Aérostation et Avia-

tion — seront également représentées. Dans l'avenir,
laquelle vaincra l'autre ? Sans doute, dans un temps
plus ou moins éloigné, l'appareil d'aviation constituera
un moyen de locomotion plus pratique, plus économique,
plus sûr, que les navires de l'atmosphère, immenses et
frêles, dont les incontestables qualités ne peuvent faire

M. André Granet, architecte et secrétaire général du Salon de 1909.

oublier les vices rédhibitoires. Il est possible, néanmoins, que l'aéronat ne soit seulement pas un appareil
de transition, qu'il résiste à l'oiseau mécanique, de-
vienne un engin exclusivement militaire, et, perfectionné, agrandi surtout, réalise cette idée d'Alexandre
Dumas fils, évoquée par le dramaturge dans la *Femme
de Claude*, qui se peut ainsi résumer : la guerre impossible par suite de l'excellence des instruments à tuer.

Quoi qu'il en soit, en Aéronautique, les faits plus surprenants les uns que les autres se succèdent actuellement avec une rapidité presque stupéfiante. Il semble que cette science, encore diffamée il y a quelques années, trop longtemps abandonnée à de lamentables forains, se dévoile brusquement, livre à nos yeux éblouis la magie de ses arcanes.

A qui revient l'exclusif mérite de cette Révélation ? Incontestablement, — nous l'avons vu à chacune des pages qui précèdent, — à l'Aéro-Club de France, à ce groupe d'apôtres et de mécènes de la locomotion aérienne, dont les noms aujourd'hui retentissants ne provoquaient jadis que des sourires apitoyés.

Ainsi qu'il a été dit au début, il n'a pas suffi à l'Aéro-Club de France de battre le rappel dans la capitale. Son impulsion irrésistible a déterminé nos provinces à s'intéresser effectivement aux choses de l'air. Dans notre belle France, vingt-cinq sociétés affiliées travaillent d'après la méthode qui réussit si bien à la société modèle.

La plus ancienne de ces sociétés affiliées est l'Aéro-Club du Sud-Ouest que préside remarquablement M. C.-F. Baudry. L'Aéro-Club du Sud-Ouest a fondé la Ligue Méridionale aérienne dont l'effort ne peut être passé sous silence.

La Ligue Méridionale aérienne (Bordeaux, 1, rue Franklin), a commencé l'organisation d'un immense aérodrome à proximité de Bordeaux.

Cet idéal champ d'expériences est situé dans les landes de Croix-d'Hins, des Barats et de Pot-au-Pin, dont la superficie dépasse 3.000 hectares (30 kilomètres carrés) *d'un seul tenant*. Le sol est absolument plat et découvert. Un aviateur, élevé de l'aérodrome de Croix-d'Hins, pourra se rendre, presque en ligne droite,

à l'aérodrome de Pont-Long Pau sans passer au-
dessus d'un village.

L'affiche de la Semaine de Champagne, organisée par l'Aéro-Club
de France.

La Ligue Méridionale aérienne travaille silencieuse-
ment mais utilement, sans bluff. Elle offre aux aviateurs l'aérodrome qu'ils demandaient depuis si long-

temps : un désert aux portes d'une grande ville. Elle leur offre encore, ainsi que l'Aéro-Club du Sud-Ouest, sa courtoisie, sa sympathie, son amitié, sentiments qui réconfortent, encouragent donnent des ailes...

* *

Je laisserai un admirable sportsman, Santos-Dumont, et un éminent homme d'État, M. Louis Barthou, conclure cette étude mieux que je ne saurais le faire.

Après la traversée du pas de Calais par M. Louis Blériot, Santos-Dumont faisait, à l'Aéro-Club de France, un don très important : « Si les autoballons se dirigent, disait-il en même temps, si les aéroplanes volent, c'est grâce à notre Société. En ce qui me concerne, je ne saurais l'oublier. »

Le 5 novembre 1908, M. Louis Barthou, alors ministre des Travaux publics, à qui l'Aéro-Club de France doit en grande partie le décret le reconnaissant d'utilité publique, montait à la tribune du Sénat. Il répondait à une interpellation de M. d'Estournelles de Constant « sur les encouragements officiels que le Gouvernement compte donner aux expériences de locomotion aérienne ». M. Louis Barthou accepta avec plaisir l'inscription au budget de son ministère d'une subvention de 100.000 francs.

Or, au cours de son discours, le premier ministre de la locomotion aérienne prononça cette phrase :

« A l'heure actuelle, je n'ai pas à établir de préférence entre l'Aéro-Club de France, institution déjà ancienne, *qui a rendu de très grands services*, et d'autres associations qui ont le désir d'en rendre. »

TABLE

Pages.

Avant-propos. — De 1783 à 1898..................................... 1

Chapitre premier. — Les ballons sphériques................... 17

Chapitre ii. — Les autoballons............................. 40

Chapitre iii. — Les aéroplanes........................... 87